建筑安装工程施工工艺标准系列丛书

建筑节能工程施工工艺

山西建设投资集团有限公司　组织编写

张太清　霍瑞琴　主编

中国建筑工业出版社

图书在版编目(CIP)数据

建筑节能工程施工工艺/山西建设投资集团有限公司组织编写. —北京：中国建筑工业出版社，2018.12
（建筑安装工程施工工艺标准系列丛书）
ISBN 978-7-112-22866-9

Ⅰ.①建… Ⅱ.①山… Ⅲ.①建筑-节能-工程施工 Ⅳ.①TU111.4

中国版本图书馆CIP数据核字(2018)第242785号

本书是《建筑安装工程施工工艺标准系列丛书》之一。本书内容分为墙体节能和地面节能两大部分。该书经广泛调查研究，认真总结工程实践经验，参考有关国家、行业及地方标准规范编制而成。

该书编制过程中主要参考了《建筑工程施工质量验收统一标准》GB 50300—2013、《建筑节能工程施工质量验收规范》GB 50411—2007、《建筑外墙外保温防火隔离带技术规程》JGJ 289—2012、《外墙外保温工程技术规程》JGJ 144—2008、《无机纤维喷涂工程技术规程》DB11/T 941—2012等标准规范。每项标准按引用标准、术语、施工准备、操作工艺、质量标准、成品保护、注意事项、质量记录八个方面进行编写。

本书可作为墙面、地面节能工程施工生产操作的技术依据，也可作为编制施工方案和技术交底的蓝本。

责任编辑：张　磊
责任校对：张　颖

建筑安装工程施工工艺标准系列丛书
建筑节能工程施工工艺
山西建设投资集团有限公司　**组织编写**
张太清　霍瑞琴　**主编**

*

中国建筑工业出版社出版、发行（北京海淀三里河路9号）
各地新华书店、建筑书店经销
北京科地亚盟排版公司制版
北京京华铭诚工贸有限公司印刷

*

开本：787×960毫米　1/16　印张：9　字数：155千字
2019年3月第一版　2019年3月第一次印刷
定价：**25.00**元
ISBN 978-7-112-22866-9
(32866)

发布令

为进一步提高山西建设投资集团有限公司的施工技术水平，保证工程质量和安全，规范施工工艺，由集团公司统一策划组织，系统内所有骨干企业共同参与编制，形成了新版《建筑安装工程施工工艺标准》（简称“施工工艺标准”）。

本施工工艺标准是集团公司各企业施工过程中操作工艺的高度凝练，也是多年来施工技术经验的总结和升华，更是集团实现“强基固本，精益求精”管理理念的重要举措。

本施工工艺标准经集团科技专家委员会专家审查通过，现予以发布，自2019年1月1日起执行，集团公司所有工程施工工艺均应严格执行本“施工工艺标准”。

山西建设投资集团有限公司

党委书记：

董事长：

2018年8月1日

丛书编委会

本书编委会

主　　　编：张太清　霍瑞琴

副　主　编：张　志　朱永清

主要编写人员：王荣香　宗　燕　郭成丽　樊丽霞　李维清

序

企业技术标准是企业发展的源泉，也是企业生产、经营、管理的技术依据。随着国家标准体系改革步伐日益加快，企业技术标准在市场竞争中会发挥越来越重要的作用，并将成为其进入市场参与竞争的通行证。

山西建设投资集团有限公司前身为山西建筑工程（集团）总公司，2017年经改制后更名为山西建设投资集团有限公司。集团公司自成立以来，十分重视企业标准化工作。20世纪70年代就曾编制了《建筑安装工程施工工艺标准》；2001年国家质量验收规范修订后，集团公司遵循“验评分离，强化验收，完善手段，过程控制”的十六字方针，于2004年编制出版了《建筑安装工程施工工艺标准》（土建、安装分册）；2007年组织修订出版了《地基与基础工程施工工艺标准》、《主体结构工程施工工艺标准》、《建筑装饰装修施工工艺标准》、《建筑屋面工程施工工艺标准》、《建筑电气工程施工工艺标准》、《通风与空调工程施工工艺标准》、《电梯与智能建筑工程施工工艺标准》、《建筑给水排水及采暖工程施工工艺标准》共8本标准。

为加强推动企业标准管理体系的实施和持续改进，充分发挥标准化工作在促进企业长远发展中的重要作用，集团公司在2004年版及2007年版的基础上，组织编制了新版的施工工艺标准，修订后的标准增加到18个分册，不仅增加了许多新的施工工艺，而且内容涵盖范围也更加广泛，不仅从多方面对企业施工活动做出了规范性指导，同时也是企业施工活动的重要依据和实施标准。

新版施工工艺标准是集团公司多年来实践经验的总结，凝结了若干代山西建投人的心血，是集团公司技术系统全体员工精心编制、认真总结的成果。在此，我代表集团公司对在本次编制过程中辛勤付出的编著者致以诚挚的谢意。本标准的出版，必将为集团工程标准化体系的建设起到重要推动作用。今后，我们要抓住契机，坚持不懈地开展技术标准体系研究。这既是企业提升管理水平和技术优势的重要载体，也是保证工程质量和安全的工具，更是提高企业经济效益和社会效益的手段。

在本标准编制过程中，得到了住建厅有关领导的大力支持，许多专家也对该标准进行了精心的审定，在此，对以上领导、专家以及编辑、出版人员所付出的辛勤劳动，表示衷心的感谢。

在实施本标准过程中，若有低于国家标准和行业标准之处，应按国家和行业现行标准规范执行。由于编者水平有限，本标准如有不妥之处，恳请大家提出宝贵意见，以便今后修订。

山西建设投资集团有限公司

总经理：

2018年8月1日

前　　言

本书是山西建设投资集团有限公司《建筑安装工程施工工艺标准系列丛书》之一。节能工程的内容均为新版增加内容，分为墙体节能和地面节能两大部分。该标准经广泛调查研究，认真总结工程实践经验，参考有关国家、行业及地方标准规范，广泛征求意见后编制而成。

该书编制过程中主要参考了《建筑工程施工质量验收统一标准》GB 50300—2013、《建筑节能工程施工质量验收规范》GB 50411—2007、《建筑外墙外保温防火隔离带技术规程》JGJ 289—2012、《外墙外保温工程技术规程》JGJ 144—2008、《无机纤维喷涂工程技术规程》DB11/T 941—2012 等标准规范。每项标准按引用标准、术语、施工准备、操作工艺、质量标准、成品保护、注意事项、质量记录八个方面进行编写。

本标准内容均为新增部分，分墙面节能与地面节能两大部分内容：

1　墙体节能工程共有九项：包括 EPS 板薄抹灰外墙保温、XPS 板薄抹灰外墙保温、酚醛板薄抹灰外墙保温、胶粉 EPS 颗粒保温浆料墙体保温料墙体保温、玻化微珠保温砂浆墙体保温、现喷硬泡聚氨酯外墙保温、保温装饰一体化板外墙保温装饰、纸面石膏板外墙内保温、粉刷石膏 EPS 板外墙内保温。

2　地面节能工程共有三项：包括岩棉地面保温、喷涂式顶板保温、保温板地面保温。

本书可作为墙面节能、地面节能工程施工生产操作的技术依据，也可作为编制施工方案和技术交底的蓝本。在实施工艺标准过程中，若国家标准或行业标准有更新版本时，应按国家或行业现行标准执行。

本书在编制过程中，限于技术水平，有不妥之处，恳请提出宝贵意见，以便今后修订完善。随时可将意见反馈至山西建设投资集团公司技术中心（太原市新建路 9 号，邮政编码 030002）。

目　录

第 1 篇　墙体节能

第 1 章　EPS 板薄抹灰外墙保温

本工艺标准适用于不同气候区、不同建筑节能标准的工业与民用建筑外墙外保温工程施工。外饰面适宜做涂料饰面。

1　引用标准

《建筑节能工程施工质量验收规范》GB 50411—2007
《建筑装饰装修工程质量验收标准》GB 50210—2018
《模塑聚苯板薄抹灰外墙外保温系统材料》GB/T 29906—2013
《建筑外墙外保温防火隔离带技术规程》JGJ 289—2012
《外墙外保温工程技术规程》JGJ 144—2008
《膨胀聚苯板薄抹灰外墙外保温系统》JG 149—2003
《居住建筑节能设计标准》DBJ 04—242—2012（山西）
《外墙保温用锚栓》JG/T 366—2012
《居住建筑节能技术规程》DBJ 04—239—2005

2　术语（略）

3　施工准备

3.1　作业条件

3.1.1　基层墙体清理干净，墙体应符合《混凝土结构工程施工质量验收规范》GB 50204—2015 和《砌体工程施工质量验收规范》GB 50203—2011 及相关墙体质量验收规范规定要求。墙体施工洞及尺寸偏差较大部位应进行堵塞和找平施工。

3.1.2　外墙面突出构件安装完毕，并考虑保温系统厚度的影响。

3.1.3　外窗副框安装并验收完毕。

3.1.4　主体结构的变形缝及外墙防水施工完毕。

3.1.5　施工环境温度应大于 5℃，风力不大于 5 级。雨天施工，应采取防护措施。

3.2　材料及机具

3.2.1　材料

1　EPS 应符合《模塑聚苯板薄抹灰外墙外保温系统材料》GB/T 29906—2013 标准要求。

2　所有材料应符合《建筑节能工程施工质量验收规范》GB 50411—2007 标准要求。

3　在该系统中所采用的附件，包括密封膏、密封条、金属护角等应符合相关产品标准的要求。

4　外保温系统应进行耐候性试验验证。

3.2.2　机具

1　机械设备：电动吊篮或保温施工专用脚手架、手提式搅拌器、垂直运输机械、水平运输手推车等。

2　常用施工工具：铁抹子、阳角抹子、阴角抹子、电热丝切割器、电动搅拌器、壁纸刀、电动螺丝刀、剪刀、钢锯条、墨斗、棕刷或滚筒、粗砂纸、塑料搅拌桶、冲击钻、电锤、压子、钢丝刷等。

3　常用检测工具：经纬仪及放线工具、拖线板、靠尺、塞尺、方尺、水平尺、探针、钢尺、小锤等。

4　操作工艺

4.1　工艺流程

材料准备、基层处理 → 吊垂直、套方、弹控制线 → 粘贴 EPS 板 →

安装锚固件、装饰线条 → 打磨修理 → 隐蔽检查 → 抹底层抗裂砂浆 →

铺设耐碱玻纤网格布 → 抹面层抗裂砂浆 → 保温层验收 → 刮柔性耐水腻子 →

刷底漆 → 刷面漆 → 外饰面验收

4.2　基层处理

墙面应清理干净，无油渍、浮灰等。墙面松动、风化部位应剔除干净。

4.3　吊垂直、弹控线制

根据建筑立面设计和外墙外保温的技术要求，在墙面弹出外门窗水平、垂直控制线及伸缩缝线、装饰缝线。多层建筑时，在建筑外墙大角挂垂直基准钢线，用大线锤或经纬仪复测钢垂线的垂直度，每个楼层适当位置挂水平线，控制墙面的垂直度和平整度，并根据设计要求或审批的施工方案弹出防火隔离带的位置。

4.4　粘贴 EPS 板

4.4.1　配制粘剂砂浆

1　粘结砂浆为单组分砂浆。

2　配制粘结用聚合物砂浆：将砂浆干粉与水按 4∶1 重量比配制，用电动搅拌器搅拌 3min，静置 5min 后搅拌均匀，一次配制量以 2h 内用完为宜；配好的砂浆注意防晒避风，超过时间不准使用。

4.4.2　粘贴翻包耐碱玻纤网格布

墙体边及洞口边的 EPS 预贴窄幅网格布，宽度不少于 200mm，翻包于板另一侧的网格布与基底采用满粘，翻包部分宽度为 100mm。

4.4.3　EPS 板的粘贴

根据工程特点粘贴 EPS 板，可采用点框法和条粘法。

1　点框法施工：用抹子在每块 EPS（标准板尺寸为 600mm×1200mm）四周边上涂抹宽约 50mm 的胶粘剂，在 EPS 板顶部中间位置留出宽度约 50mm 的排气孔，然后再在 EPS 板面均匀刮上 8 块直径约 80～120mm 的粘结点，粘结点要布置均匀，必须保证板与基层墙面的粘结面积达到 40%以上。为保证聚 EPS 板与基层粘结牢固，粘结层厚度以 5～10mm 为宜。(见图 1-1)

2　条粘法施工：在每块 EPS 板（标准板尺寸为 600mm×1200mm）面用锯齿镘刀满涂宽约 80mm 的胶粘剂，胶粘剂厚度约 5～10mm，粘结条间距约 120mm，必须保证 EPS 板与基层墙面的粘结面积达到 40%以上。(见图 1-2)

4.4.4　在首层阳角处按垂直控制线和＋500mm 标高线处先粘贴角部 EPS。阴阳角部必须错槎粘贴，即 EPS 应交叉伸出墙体基层（伸出长度为 EPS 板厚度加粘贴层厚度）。(见图 1-3)

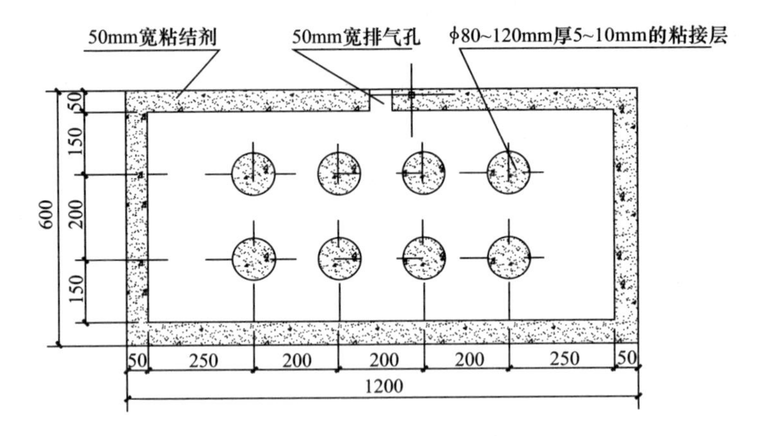

图 1-1　EPS 板点框法

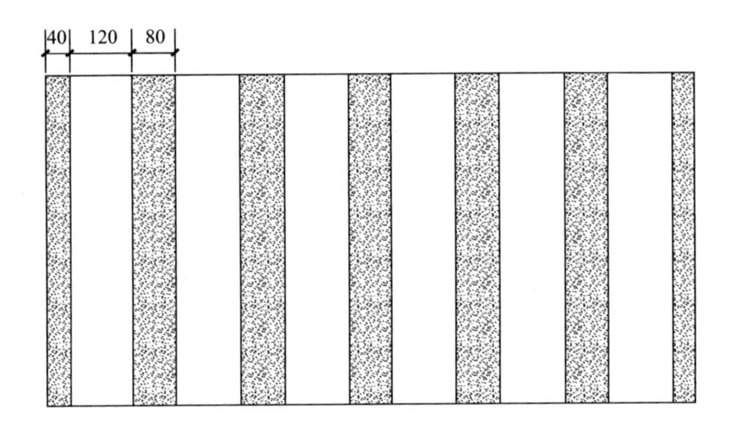

图 1-2　EPS 板条粘法

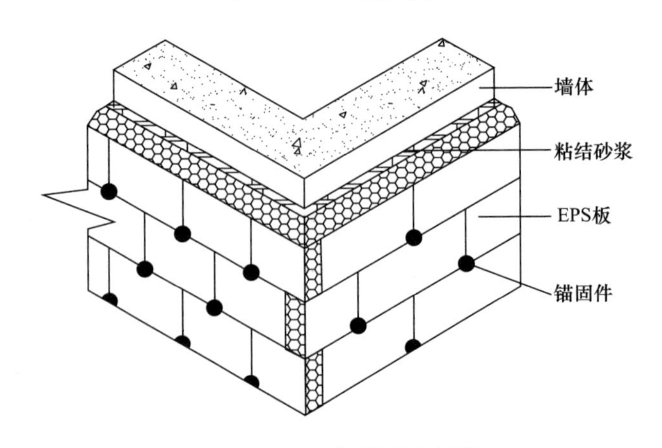

图 1-3　EPS 板排列示意图

EPS 板粘贴后用线坠检查垂直度，同时按＋500mm 线检验 EPS 板水平度。在两端板间挂好粘贴水平控制线。确保 EPS 板水平连续粘贴结合，上下两排 EPS 板应竖向错缝搭接。

EPS 板贴在墙上时，应用 2m 靠尺进行压平操作，保证其平整度和粘结牢固。板与板之间要挤紧，不得有较大的缝隙。遇到非标准尺寸时，可进行现场裁切，裁切时应注意切口应与 EPS 板面垂直。整块墙面的边角处应用最小尺寸超过 200mm 的 EPS 板，EPS 板的拼缝不得留在门窗口的四角处。（见图 1-4）若因 EPS 板板面不方正或裁切不直，形成大于 2mm 的缝隙，应用 EPS 板条塞入。拼缝高差不大于 1.5mm，否则应用砂纸或专用打磨机具打磨平整，打磨动作应轻柔且沿圆周方向进行，不应沿与 EPS 板接缝平行方向打磨，打磨后应用扫帚将产生的碎屑和其他浮灰清理干净。

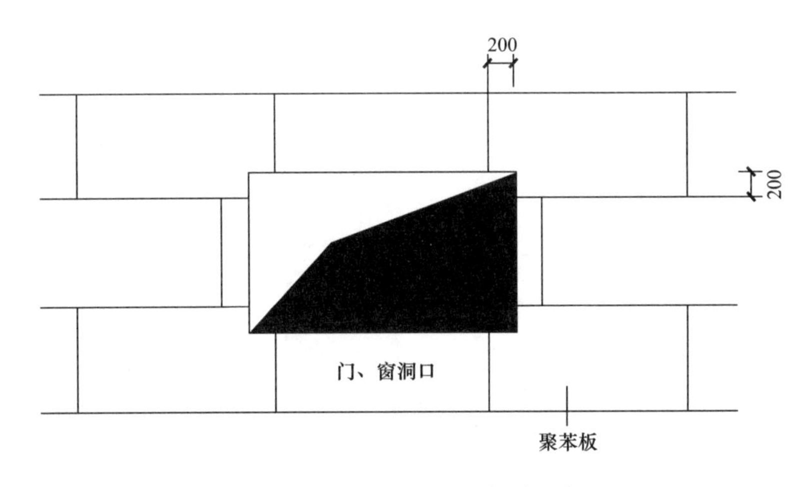

图 1-4 门窗洞口 EPS 板粘贴示意图

4.4.5 EPS 板拼接处不得有粘结砂浆（俗称碰头灰）。

4.4.6 防火隔离带施工

防火隔离带应与外墙外保温同时施工，不得在外墙外保温系统保温层中预留位置，然后再嵌贴防火隔离带保温板。

1 设计防火隔离带构造的外墙外保温工程施工前，应编制施工技术方案，防火隔离带保温板与外墙外保温系统保温板之间应拼接严密，宽度超过 2mm 的缝隙应用外墙外保温系统用保温材料填塞。防火隔离带应设置在门窗洞口上部，且防火隔离带下边缘距洞口上沿不应超过 500mm。在门窗洞口，应先做洞口周边的保温层，再做大面保温板和防火隔离带。

2　防火隔离带保温板应使用锚栓辅助连接，锚栓应压住底层玻璃纤维网布。锚栓间距不应大于 600mm，锚栓距离保温板端部不应小于 100mm，每块保温板上的锚栓数量不应少于 1 个。当采用岩棉带时，岩棉带应进行表面处理，可采用界面剂或界面砂浆进行涂覆处理，也可采用玻璃纤维网布聚合物砂浆进行包覆处理。锚栓的扩压盘直径不应小于 100mm。

3　防火隔离带的基本构造应与外墙外保温系统相同，构造见图 1-5。防火隔离带部位的抹面层应加底层玻璃纤维网布，底层玻璃纤维网布垂直方向超出防火隔离带边缘不应小于 100mm，见图 1-6；水平方向可对接，对接位置离防火隔离带保温板端部接缝位置不应小于 100mm，见图 1-7。当面层玻璃纤维网布上下有搭接时，搭接位置距离隔离带边缘不应小于 200mm。

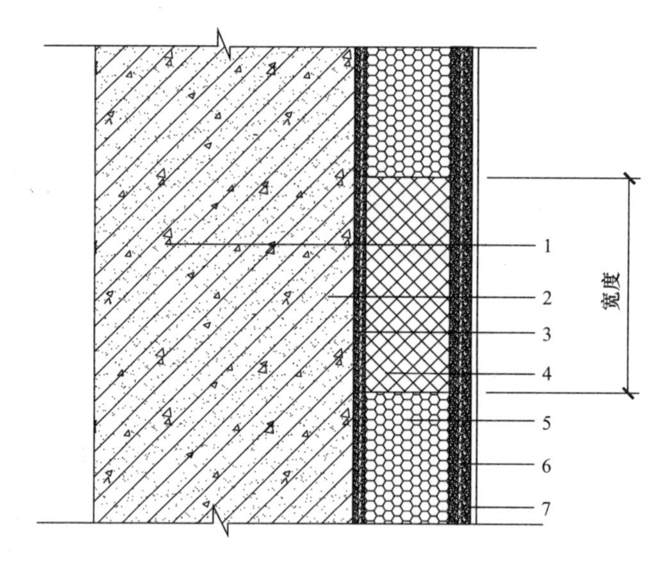

图 1-5　防火隔离带基本构造

1—基层墙体；2—锚栓；3—胶粘剂；4—防火隔离带保温板；5—外保温系统的保温材料；6—抹面胶浆＋玻璃纤维网布；7—饰面材料

4　当防火隔离带在门窗洞口上沿时，门窗洞口上部防火隔离带在粘贴时应做玻璃纤维网布翻包处理，翻包的玻璃纤维网布应超出防火隔离带保温板上沿

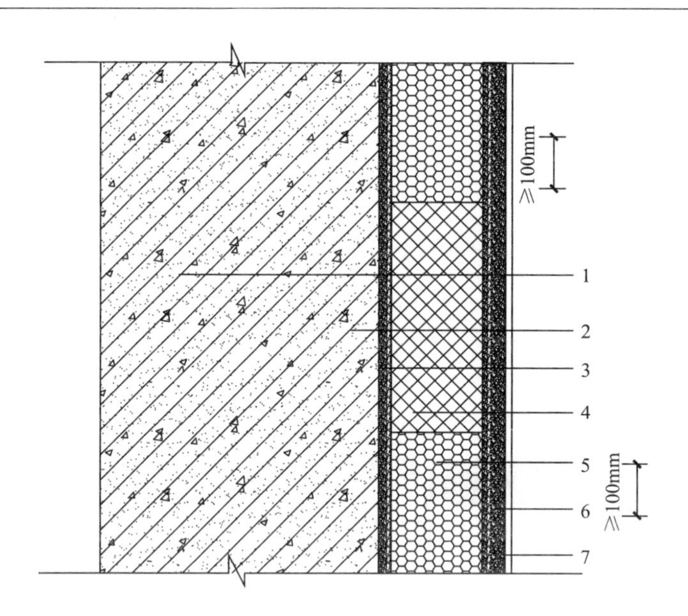

图 1-6　防火隔离网格布垂直方向搭接

1—基层墙体；2—锚栓；3—胶粘剂；4—防火隔离带保温板；5—外保温系统的保温材料；6—抹面胶浆+玻璃纤维网布；7—饰面材料

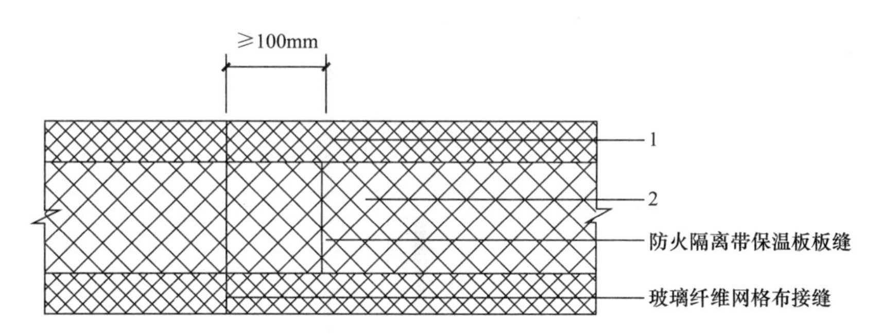

图 1-7　防火隔离网格布水平方向对接

1—底层玻纤网格布；2—防火隔离带保温板

100mm，见图 1-8。翻包、底层及面层的玻璃纤维网布不得在门窗洞口顶部搭接或对接，抹面层平均厚度不宜小于 6mm。

5　当防火隔离带在门窗洞口上沿，且门窗框外表面缩进基层墙体外表面时，防火隔离带应伸入门窗洞口顶部外表面，且防火隔离带保温板高度不应小于 300mm，见图 1-9。

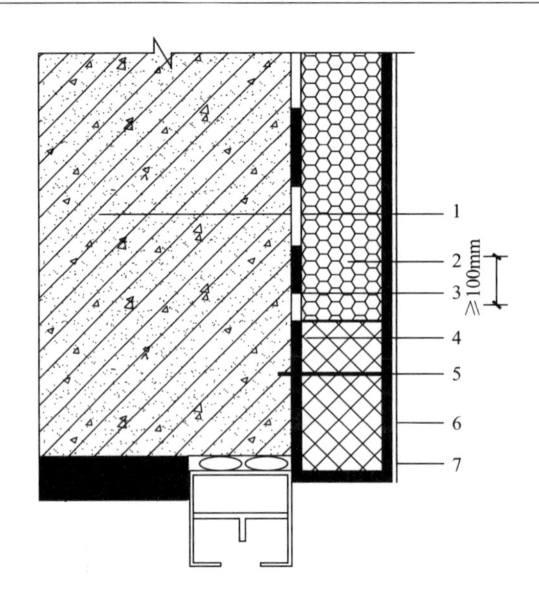

图 1-8　门窗洞口上部防火隔离带做法（一）

1—基层墙体；2—外保温系统的保温材料；3—胶粘剂；4—防火隔离带保温板；5—锚栓；6—抹面胶浆＋玻璃纤维网布；7—饰面材料

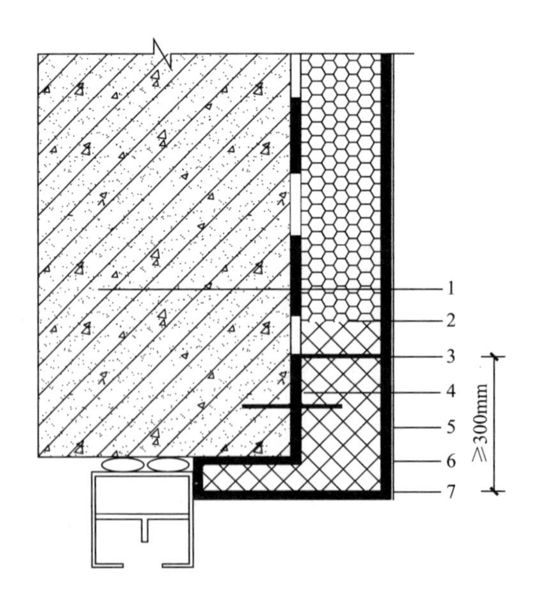

图 1-9　门窗洞口上部防火隔离带做法（二）

1—基层墙体；2—外保温系统的保温材料；3—胶粘剂；4—防火隔离带保温板；5—锚栓；6—抹面胶浆＋玻璃纤维网布；7—饰面材料

4.5　安装锚固件

4.5.1　锚固件安装应在 EPS 板粘贴完成至少 24h 以后进行。

4.5.2　用电锤进行打孔以安装外墙保温专用锚固件，墙体上的孔深约 50mm 左右。锚固件安装数量设计规定及建筑构造特点确定，锚固件应呈梅花状布置，锚栓分布如图 1-10 所示。

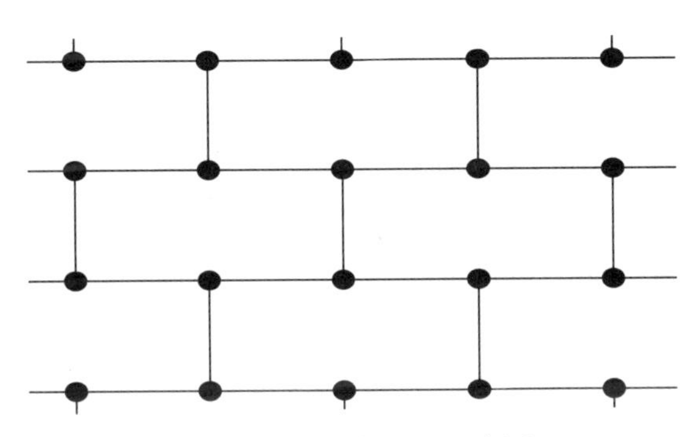

图 1-10　锚固件排列示意图

4.6　抗裂层施工

4.6.1　抹底层聚合物抗裂砂浆：

隐检项目检查验收后，即可用聚合物抗裂砂浆进行底层抹灰。

将搅拌好的聚合物抗裂砂浆均匀地抹在聚苯板表面，厚度 2～3mm，同时将翻包网格布压入砂浆中，在门、窗洞口拐角等处应沿 45°方向增铺一道网格布。网格布宽约 200mm，长约 400mm，详见图 1-11。

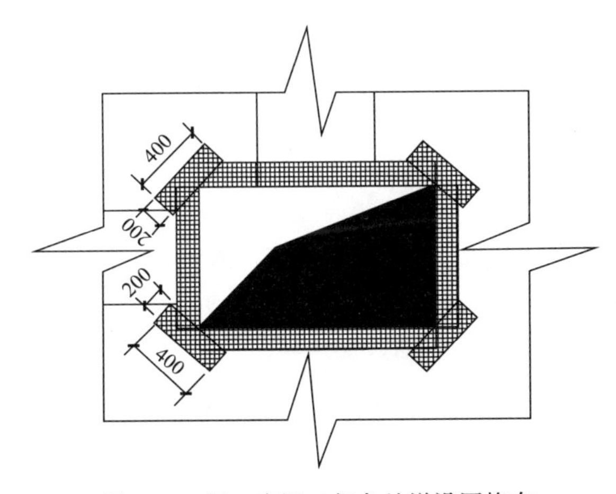

图 1-11　门、窗洞口拐角处增设网格布

4.6.2　铺压耐碱玻纤网格布：

单张耐碱玻纤网格布长度一般不大于6m，可先裁剪好，铺设应按照从左至右、从上到下的顺序进行。底层抗裂砂浆抹灰后立即将玻纤网格布绷紧后贴上，用抹子由中间向四周把网格布压入抗裂砂浆的表层，铺贴要平整压实，严禁干铺、网格布褶皱，网格布不得压入过深，表面要外露。铺贴遇有搭接时，必须满足横向100mm、纵向80mm的搭接长度要求。在阴阳角部位，网格布要分别拐过阴阳角进行搭接，搭接部位距阴阳角的距离大于200mm。

首层墙面应铺贴双层耐碱玻纤网格布，第一层铺贴网格布，网格布与网格布之间应采用搭接方法，严禁网格布在阴阳角处对接，搭接部位距离阴阳角不小于200mm，然后进行第二层网格布铺贴（宜采用加强型玻纤网格布），铺贴方法如前所述，两层网格布之间抗裂砂浆应饱满，严禁干铺。

建筑物首层外保温应在四周大阳角处双层网格布之间加设专用金属护角（一般高度2m）。即在第一层网格布铺贴完成后，安装金属护角，并用抹子在护角孔处拍压出抗裂砂浆，再抹第二遍抗裂砂浆铺设加强型玻纤网格布包裹住护角，保证护角安装牢固。

4.6.3　抹面层聚合物抗裂砂浆：

在底层抗裂砂浆凝结前再抹一道面层抗裂砂浆，厚度1～2mm，仅以覆盖网格布、微见网格布轮廓为宜（即露纹不露网），避免空鼓。

抗裂砂浆应在抹灰施工间歇处断开，方便后续施工的搭接，如伸缩缝、阴阳角、挑台等部位。在连续墙面上如需断开，面层抗裂砂浆不应完全覆盖已铺好的网格布（网格布甩茬不应小于搭接长度规定的尺寸），需与网格布、底层砂浆呈台阶形坡槎，留槎间距不小于150mm，以免网格布搭接处平整度超出偏差。

4.7　外墙涂料施工

4.7.1　基层处理

1　基层要求牢固、坚实、干燥、平整、清洁、无浮尘、无油迹。抗裂砂浆表面修整后需经过一段合理的干燥时间，让其充分干燥，其含水率≤10%，pH≤8。

2　做好成品，如门窗等相关设施的防污保洁工作，造成污染应及时清理，做到落手清。

3　外墙涂料在气温不低于5，相对湿度≤85%的条件下方可施工。

4.7.2　批刮柔性耐水腻子

1　刮柔性耐水腻子分两遍完成，第一遍进行满刮耐水腻子并修补找平局部坑洼部位，单遍厚度不超过 1.5mm。

2　第二遍用刮板满刮墙面，直至平整。

3　腻子表面干燥后用砂纸打磨，使其表面平整、光洁、细腻。

4.7.3　涂刷封闭底漆

在腻子层施工完成并干燥后即可涂刷封闭底漆，涂刷工具采用优质短毛滚筒。均匀的涂刷一遍封闭底漆，直至完全封闭基层，不得漏涂，与下一工序间隔时间≥24h（25℃）。

4.7.4　涂刷面漆

采用外墙面漆均匀涂刷两遍，直至完全遮盖基层，并色彩一致。刷面漆前墙面用胶带做好分格处理。滚刷面漆时用力要均匀让其紧密贴附于墙面，按涂刷要求涂刷面漆两遍成活。

4.7.5　干燥时间

涂层表干 30min（25℃），实干 24h（25℃），重涂应于实干后进行。分格缝胶带揭除并清理干净。

4.7.6　面层验收。

4.8　节点大样做法（图 1-12）

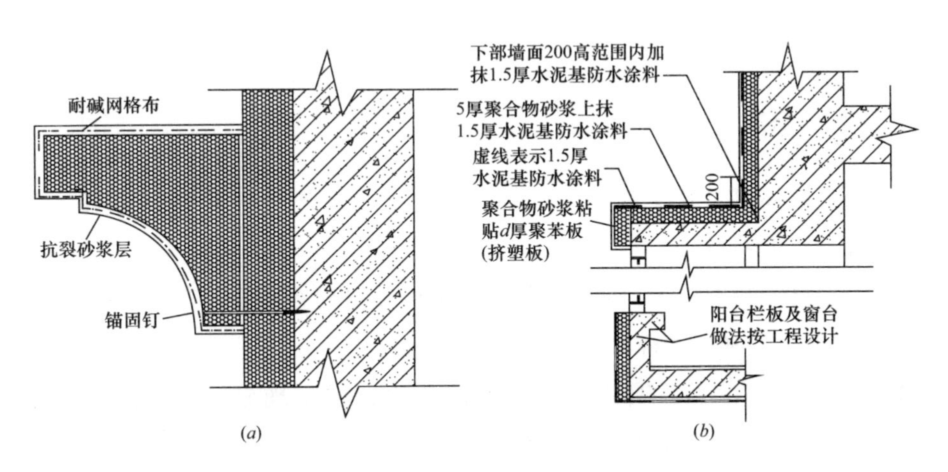

图 1-12　节点大样法（一）

（*a*）装饰线做法；（*b*）阳台栏板保温做法

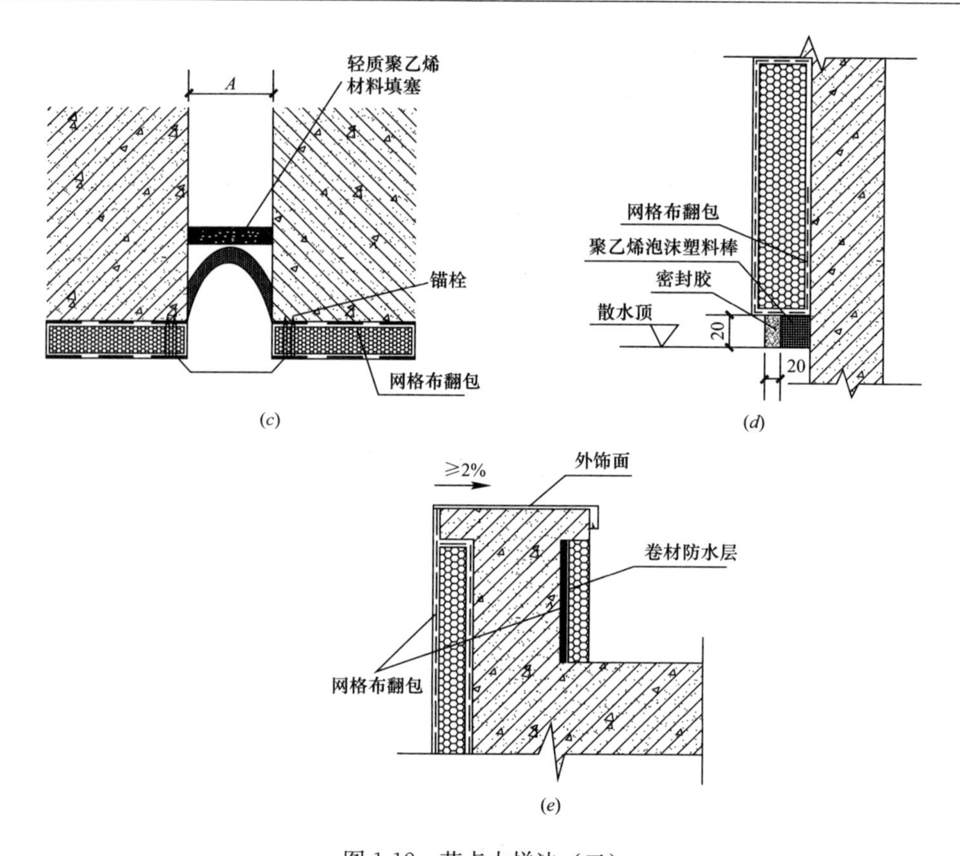

图 1-12　节点大样法（二）

（c）变形缝示意图；（d）勒角节点做法；（e）女儿墙做法

5　质量标准

5.1　外墙外保温质量标准

5.1.1　主控项目

1　所用材料和半成品、成品进场后，应做质量检查和验收，其品种、规格、性能必须符合设计和相关标准的要求。

2　聚苯板与墙面必须粘结牢固，无松动和虚粘现象，粘结面积不小于40%。加强部位的粘结面积应符合设计要求。

3　需安装锚固件的墙面，锚固件数量、锚固位置和锚固深度应符合设计要求。

4　聚苯板的厚度必须符合设计要求，其负偏差不得大于 3mm。

5　抹面抗裂砂浆与聚苯板必须粘结牢固，无脱层、空鼓，面层无暴灰和裂缝等缺陷。

5.1.2　一般项目

1　聚苯板安装应上下错缝，板间应挤紧拼严，拼缝平整，碰头缝不得抹胶粘剂。

2　玻纤网格布应铺压严实，不得有空鼓、褶皱、翘曲、外露等现象。搭接宽度必须符合规定要求，加强部位的玻纤网格布做法应符合设计要求。

5.1.3　允许偏差

1　聚苯板安装允许偏差和检验方法（见表 1-1）。

聚苯板安装允许偏差和检验方法　　**表 1-1**

项次	项目	允许偏差（mm）	检查方法
1	表面平整	3	用 2m 靠尺楔形塞尺检查
2	立面垂直	3	用 2m 垂直检查尺检查
3	阴阳角垂直	3	用 2m 托线板检查
4	阳角方正	3	用 200mm 方尺检查
5	接槎高差	1.5	用直尺和楔形塞尺检查

2　外保温墙面层的允许偏差和检验方法（见表 1-2）

外保温墙面层的允许偏差和检验方法　　**表 1-2**

项次	项目	允许偏差（mm）	检查方法
1	立面垂直	3	用 2m 拖线板检查
2	表面平整	3	用 2m 靠尺及塞尺检查
3	阴阳角垂直	3	用 4m 拖线板检查
4	阴阳角方正	3	用 5m 拖线板检查
5	分格条（缝）平直	3	用 5m 线和尺量检查
6	立面总高垂直度	H/1000 且大于 20	用吊线、经纬仪检查
7	上下窗口左右偏移	不大于 20	用吊线、经纬仪检查
8	同层窗口上、下	不大于 21	用经纬仪拉通线检查
9	保温层厚度	平均厚度不出现负偏差	用钢针、钢尺检查

5.2　外墙涂料质量标准

涂料工程待涂层完全干燥后，方可进行验收。检查数量按面积抽查 10%，验收时应检查所用的材料品种、颜色是否符合设计要求，施工涂料表面的质量应符合表1-3规定。

外墙涂料涂饰工程质量要求　　表1-3

项次	项目	普通涂饰	中级涂饰	高级涂饰	检验方法
1	漏涂、透底	不允许	不允许	不允许	目测
2	咬色、流坠、起皮	明显处不允许	明显处不允许	不允许	
3	光泽	—	光泽较均匀	光泽均匀一致	
4	分色、裹棱	明显处不允许	明显处不允许	不允许	
5	开裂	不允许	不允许	不允许	
6	针孔、砂眼	—	允许少量	不允许	
7	装饰线、分色线平直	偏差不大于5mm	偏差不大于3mm	偏差不大于1mm	拉5m线检查，不足5m拉通线检查
8	颜色、刷纹	颜色一致	颜色一致	颜色一致，无刷纹	目测
9	五金、玻璃等	洁净	洁净	洁净	

6　成品保护

6.0.1　施工中各专业工种应紧密配合，合理安排工序。

6.0.2　抹完聚合物水泥砂浆的保温墙体，不得随意开凿孔洞，如确实需要，在聚合物水泥砂浆达到设计强度后方可进行，安装完成后其周围应恢复原状。

6.0.3　防止明水浸湿保温墙面。

6.0.4　在施工好的保温墙体附近不得进行电焊、电气操作，不得用重物撞击墙面。

6.0.5　聚苯板存放时应有防火、防潮和防水措施，转运时应注意保护。

7　注意事项

7.1　应注意的质量问题

7.1.1　保温板安装质量要点的控制

保温板属于外保温系统中保温隔热材料，是系统的核心，其安装质量的好坏直接体现了保温系统质量目标的实现，所以在安装保温板过程中要从以下几点进行质量控制：

1　要检查保温板与基层粘结的面积，确保粘接牢固可靠；

2 保温板在墙面上要严格按照施工方案的排布要求进行规范排布，特别在门窗洞口部位、阴阳角处以及与外饰构件接口处。

3 保温板粘贴要控制粘接平整度，在与防火隔离带交界处，要做好接缝处的平面处理。

4 裁割保温板时，要用专用的刀具进行，严禁用手随意掰，确保裁割后边角整齐。

7.1.2 外墙保温系分格缝质量控制要点

分格缝应严格按外墙外保温施工验收规范施工，伸缩、变形缝两侧用窄幅玻纤网格布翻包，缝侧抹抗裂砂浆耐碱玻纤网格布，施工过程注意事项如下：

1 现场使用的分格缝密封材料要有合格证及生产厂家相关资质文件，使用前必须查验密封材料，包装未开封。

2 分格缝施工前应将缝内及周边清理干净，保温板无碎块、浮尘，无残留砂浆等杂物。

3 分格缝施工应在外饰涂料施工前进行，如因特殊情况在外饰涂料施工后进行变形缝施工时，应在缝两侧粘贴不粘胶带保护相邻处的涂饰面。

4 缝内填塞发泡聚乙烯圆棒（条）作背衬，直径或宽度为缝宽的1.3倍，分两次嵌填建筑密封膏，密封膏应塞满缝内，与两侧抗裂砂浆紧密粘结。

7.1.3 对保温层局部破损修补的质量控制要点

在外墙外保温施工时，如遇外墙预留脚手眼或因工序穿插、操作不当等致使外保温系统局部出现破损，在修补时应按如下质量控制程序进行修补：

1 用锋利的刀具剜除破损处，剜除面积略大于破损面积，形状大致一样。注意防止损坏周围的抗裂砂浆、网格布和聚苯板。清除干净残余的粘结砂浆和保温板碎粒。

2 切割一块规格、形状完全相同的保温板，在背面涂抹厚度适当的粘结砂浆，塞入破损部位与基层墙体粘牢，表面应与周围保温板齐平。

3 把破损部位四周约100mm宽度范围内的涂料面层及抗裂砂浆磨掉、清理干净。不得破坏网格布，不得损坏底层抗裂砂浆。若切断了网格布，打磨面积应向外扩展。如底层抗裂砂浆破碎，应抠出碎块。

4 应在修补部位的周边贴不干胶纸带，以防造成污染。

5 用抗裂砂浆补齐破损部位的底层抗裂砂浆，用湿毛刷清理不整齐的边缘。

对没有无新抹砂浆的修补部位作界面处理。剪一块面积略小于修补部位的网格布（玻纤方向横平竖直），绷紧后紧密贴到修补部位上，确保与原网格布的搭接宽度不小于100mm。

6 从修补部位中心向四周抹面层抗裂砂浆，与周围面层顺平。防止网格布移位、皱褶。用湿毛刷修整周边不规则处。抗裂砂浆干燥后，在修补部位做外饰面，其纹路、色泽尽量与周围饰面一致。外饰面干燥后，撕去不干胶纸带。

7.1.4 节点部位保温层防渗水的质量控制要点

1 女儿墙部位：将女儿墙从大面墙体到女儿墙压顶的保温系统连贯，用网格布全覆盖，不留缝隙，面层砂浆抹完后涂刷防水涂料；

2 空调板部位：应在保温层施工前针对空调板与墙面连接部位（即空调板根部），进行防水处理，通常情况下涂刷防水涂料即可；该工作完成后经验收合格再进行保温板粘贴，网格布延伸到墙面部分应至少保证100mm，确保保温系统形成一个整体；

3 窗侧部位：施工时应注意保温系统与窗户专业配合，该部位保温施工前应督促窗户专业使用发泡聚氨酯材料或岩棉等材料将窗侧面与窗副框之间的空隙填塞密实，并打胶密封；保温面层用专用抗裂砂浆找平收口，留出5%～10%的流水坡度，保温厚度做至面层不得高于窗框排水孔的位置，不得堵塞排水孔；保温做完后及时用中性硅酮密封胶密封保温层与窗户之间的缝隙；

4 穿墙螺杆洞口部位：做保温之前使用相同的保温材料进行填塞密实，表面做防水处理后进行保温层施工，外墙内侧在进行装修施工时亦应进行孔洞填塞和防水处理，防止引起渗水；

5 合理安排进度计划，尽量避免雨天施工。雨天应停止施工，对于施工过程中的部位应采取适当的保护措施，可以采用彩条布进行遮挡等。

7.1.5 防止保温面层及外饰面层开裂的质量控制

1 保温板安装后应等到粘结砂浆干燥硬化后进行面层施工，避免因粘结砂浆水分蒸发造成体积收缩，影响面层稳定。安装保温板应符合相关质量要求，严格现场检验，对平整度、垂直度超标部位进行修正，包括对板面打磨，以免因保温板平整度、垂直度超差造成面层抹灰厚度不均，局部抹灰厚度过大导致面层开裂。

2 面层抹灰厚度不宜太厚，严格按抹灰厚度的进行施工，一般为3～5mm；在铺压网格布环节，要按照要求操作，杜绝干铺，铺压时尽量靠近抗裂砂浆外侧，以能看到网格布痕迹但不外露为准，网格布搭接要到位，严禁不搭接或搭接宽度不够（不得小于100mm），细部节点处理一定要正确合理、细致到位，做到保温系统整体性良好，不出现由于局部缺陷影响外墙大面保温体系施工质量引起的面层质量隐患。

3　面层施工完毕后，在正常情况下自然养护5～7d，防止阳光暴晒和风吹，以免影响砂浆初期强度，引起开裂；等到抗裂砂浆层完全固化干燥，强度指标达到规定标准以上时，保温面层验收合格方可进行饰面层施工。

4　采用信誉和质量较高的抗裂砂浆品牌，抗裂砂浆材料应具备较高的弹性，较低的吸水性，同一工程使用同一品牌材料，严禁不同品牌材料在现场混用。

7.2　应注意的安全问题

施工现场由专职安全员负责安全管理，制定并落实岗位安全生产责任制度，签订安全协议。工人上岗前必须进行安全技术培训，施工机械、吊篮等操作培训，培训、考核合格后才能上岗操作。

7.2.1　进场进行安全三级教育，并进行考核，确保安全意识深入人心。

7.2.2　所有进入现场的人员要正确佩戴安全帽，高空作业应正确系好安全带，不许从高空抛物，严格遵守有关的安全操作规程，做到安全生产和文明施工。

7.2.3　架子搭设完毕要进行验收，验收合格后办理交接手续方可使用。

7.2.4　脚手板铺满并搭牢，严禁探头板出现。

7.2.5　在脚手架或操作台上堆放保温板时，应按规定码放平稳，防止脱落。操作工具要随手放入工具袋内，严禁放在脚手架或操作台上，严禁上下抛掷。

7.2.6　五级以上（含五级）大风、大雾、大雨天气停止外保温施工作业。在雨期要经常检查脚手板、斜道板、跳板上有无积水等，若有则应清扫，并要采取防滑措施。

7.2.7　安全用电注意事项：

1　定期和不定期对临时用电的接地、设备绝缘和漏电保护开关进行检测、维修、发现隐患及时消除。

2　施工现场的供电系统实施三级配电两级保护。

3　电气设备装置的安装、防护、使用、维修必须符合《施工现场临时用电安全技术规范》JGJ 46—2005的要求。

4　电气作业时必须穿绝缘鞋，戴绝缘手套，酒后不准操作。

5　室内照明灯具距地面不得低于 2.4m。每路照明支线上灯具和插座数不宜超过 25 个，额定电流不得大于 15A，并用熔断器保护。

6　施工现场和生活区域严禁私拉乱接电线，一经发现严肃处理。

7　施工人员在使用电动工具时，必须严格执行现场临时用电协议。

8　每天施工完毕要将配电箱遮盖好，切断各部分电源，将操作面杂物清除干净，以防止出现安全隐患。

9　闸箱上锁，钥匙由专人保管。

10　设备出现故障立即停止使用，通知维修人员解决。

11　遵守施工现场安全制度。

7.3　应注意的绿色施工问题

7.3.1　板材运输、装卸应轻抬轻放，堆放场地应坚实、平整、干燥，注意防火。

7.3.2　各种材料分类存放并挂牌标明材料名称，切勿用错，粉料存于干燥处，严禁受潮。

7.3.3　粘贴保温板和玻纤布时，板面上及掉在地上的胶粘剂要及时清理干净。

7.3.4　运输聚合物砂浆、粘接砂浆、保温板材料要进行扬尘控制，对运输车辆进行检查，杜绝由于车辆原因引起的遗撒，严禁超载，对车厢进行覆盖。对于意外原因所产生的遗撒及时进行处理。

7.3.5　出入口设置车辆清洗装置，并设置沉淀池，对进出运输材料的车辆设专人检查，对携带污染物的车轮进行冲洗，并及时清理路面污染物。

7.3.6　墙面清理、补平工作完毕后，将粘在墙面的灰浆及落地灰及时清理干净。

7.3.7　配制胶粘剂及抗裂砂浆的电动搅拌器在封闭区域内使用，并使噪声达到环保要求。

7.3.8　做到先封闭周圈，然后在内部进行修平工程施工，将施工噪声控制在施工场界内，避免噪声扰民。

7.3.9　现场设置废弃物临时置放点，并在临时存放场地配备有标识的废弃物容器，设专人负责对废弃的砂浆、保温板的边角料等进行收集、处理。

7.3.10　坚持文明施工，随时清理建筑垃圾，确保场内道路畅通，现场施工的废水、淤泥及时组织排放和外运。每天下班应将材料、工具清理好，使施工现场卫生保持干净、整洁。

8　质量记录

8.0.1　设计文件、图纸会审记录、设计变更和洽商。

8.0.2　主要材料、设备和构件的质量证明文件、进场检验记录、进场核查记录、进场复验报告、见证试验报告。

8.0.3　隐蔽工程验收记录和相关图像资料。

8.0.4　检验批质量验收记录。

8.0.5　分项工程质量验收记录。

8.0.6　建筑围护结构节能构造现场实体检验记录。

8.0.7　其他对工程质量有影响的重要技术资料。

8.0.8　施工记录。

8.0.9　工程安全、节能和保温功能核验资料。

8.0.10　质量问题处理记录。

第2章　XPS板薄抹灰外墙保温

本工艺标准适用于不同气候区、不同建筑节能标准的居住建筑，也可用于其他使用功能与居住建筑相近的民用与商用建筑并以涂料作为外饰面的外墙外保温工程。

1　引用标准

《建筑节能工程施工质量验收规范》GB 50411—2007

《建筑装饰装修工程质量验收标准》GB 50210—2018

《挤塑聚苯板（XPS）薄抹灰外墙外保温系统材料》GB/T 30595—2014

《民用建筑热工设计规范》GB 50176—2016

《严寒和寒冷地区居住建筑节能设计标准》JGJ 26—2010

《外墙外保温工程技术规程》JGJ 144—2008

《建筑外墙外保温防火隔离带技术规程》JGJ 289—2012

《外墙外保温建筑构造（一）》02J121—1

《混凝土界面处理剂》JC/T 907—2002

2　术语（略）

3　施工准备

3.1　作业条件

3.1.1　基层墙体清理干净，墙体应符合《混凝土结构工程施工质量验收规范》GB 50204—2015 和《砌体结构工程施工质量验收规范》GB 50203—2011 及相关墙体质量验收规范规定。墙体洞口及偏差较大部位应堵塞找平。

3.1.2　外墙面突出构件安装完毕，并考虑保温系统厚度的影响。

3.1.3　外窗副框安装并验收合格。

3.1.4 主体结构的变形缝及外墙防水应提前施工完毕。

3.1.5 施工时环境温度应大于5℃，风力不大于5级。雨天不得施工，采取防护措施。

3.2 材料及机具

3.2.1 材料

1 外保温系统应经耐候性试验验证。

2 混凝土界面剂应符合《混凝土界面处理剂》JC/T 907—2002标准要求。

3 所有材料应符合《建筑节能工程施工质量验收规范》GB 50411—2007标准要求。

4 该系统中所采用的附件包括密封膏、密封条、金属护角等应分别符合相关产品标准要求。

3.2.2 机具

1 机械设备：外接电源设备（三级配电箱）、手提式电动搅拌器、推车、角磨机、电锤、称量衡器、电热丝、密齿手锯、壁纸刀、剪刀、钢丝刷、铁锹、水桶、托线板、扫帚、腻子刀、抹子、阴阳角抿子、铲刀、砂皮、滚刷、钢丝刷等。

2 检测工具：经纬仪、2m靠尺、塞尺、水平尺、探针、角尺、盒尺、小线、墨斗、小锤等。

4 操作工艺

4.1 工艺流程

基层处理→弹控制线、挂基准线→XPS板涂刷专用界面剂→粘贴XPS板→安装锚栓→抹底层聚合物抗裂砂浆→铺压耐碱玻纤网格布→抹面层聚合物抗裂砂浆→保温层验收→刮柔性耐水腻子→涂刷封闭底漆→涂刷面漆→饰面层验收

4.2 基层处理

将基层墙面清理干净，无浮灰、油渍，将溢出的水泥浆铲掉。

基层找平：检查墙面平整度和垂直度，用2m靠尺检查，最大偏差不大于4mm，超差部分应剔凿或用1∶3水泥砂浆找平。

4.3　弹控制线挂基准线

根据建筑立面设计和外墙外保温的技术要求，在墙面弹出外门窗水平、垂直控制线，在建筑外墙大角挂垂直基准钢线，每个楼层适当位置挂水平线，以控制墙面的垂直度和平整度。并根据设计要求或审批的施工方案弹出防火隔离带的位置。

4.4　XPS板涂刷界面剂

在XPS板表面及背面均匀涂刷一薄层乳液型界面剂，增强XPS板与聚合物砂浆之间的粘结力。

4.5　安装XPS板

4.5.1　挤塑板规格

标准板面尺寸为600mm×1200mm，对角线允许误差为±2mm。非标准板按实际需要尺寸加工。尺寸允许偏差±2mm。

4.5.2　配制粘结砂浆

配制：按干粉∶水为4∶1（重量比）进行，用手持式电动搅拌器，搅拌5min，直到搅拌均匀且稠度适中，当粘结剂有一定黏度时，将配制好的砂浆静置5～10min，再次搅拌即可使用。调好的砂浆应在2h内用完为宜。配好的粘接砂浆注意防晒避风，超过可操作时间不准再度加水使用。集中搅拌，专人定岗。

4.5.3　粘贴翻包耐碱玻纤网格布

墙体边及孔洞边的板预贴窄幅网格布，其宽度不小于200mm，翻包部分宽度为100mm。

4.5.4　粘贴挤塑板

根据工程特点粘贴XPS板，可采用点框法或条粘法施工。

1　点框法施工：用抹子在每块XPS板（标准板尺寸为600mm×1200mm）周边涂宽约50mm的胶粘剂，在XPS板顶部中间位置留出宽度约50mm的排气孔，然后在XPS板面均匀刮上8块直径约80～120mm的粘结点，此粘结点要布置均匀，必须保证板与基层墙面的粘结面积达到40%以上。为保证XPS板与基层粘结牢固，粘结层厚度以5～10mm为宜。（见图2-1）

2　条粘法施工：在每块XPS（标准板尺寸为600mm×1200mm）面用锯齿镘刀满涂宽约80mm的胶粘剂，胶粘剂厚度约5～10mm，粘结条间距约120mm，必须保证XPS板与基层墙面的粘结面积达到40%以上。（见图2-2）

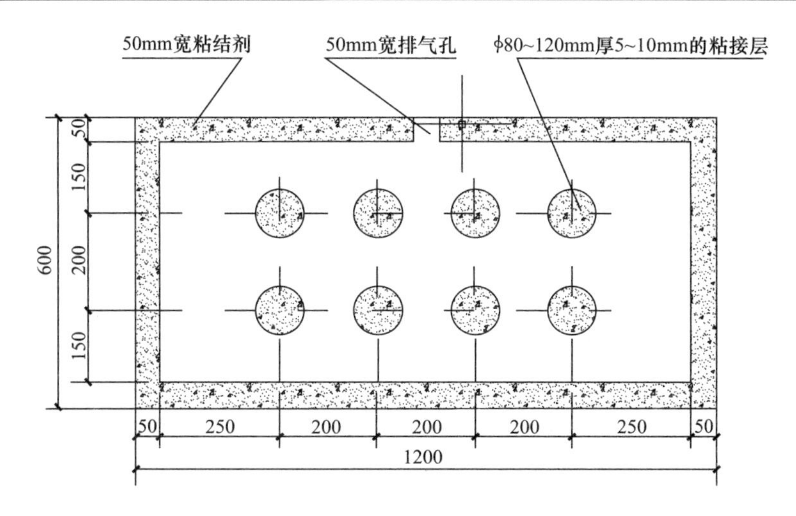

图 2-1　XPS 板点框法

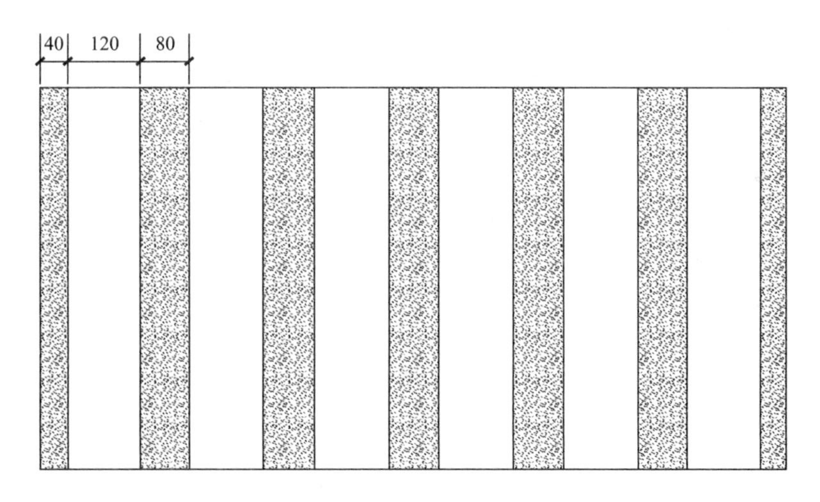

图 2-2　XPS 板条粘法

4.5.5　抹完粘结砂浆后，应立即将板就位粘贴。粘贴时应轻柔、均匀挤压，并随时用托线板检验垂直平整；板与板挤紧，碰头缝处不得抹粘结剂，能够做到上下错缝；每贴完一块板，应及时清除挤出的粘结剂，板间无空隙，如空隙，应用 XPS 板填塞。阴角处相邻两墙面 XPS 板的粘接应交错连接（示意图如图 2-3）。

4.5.6　防火隔离带施工

与外墙外保温同时施工的防火隔离带，不得在外墙外保温系统保温层中预留位置，然后粘贴防火隔离带保温板。

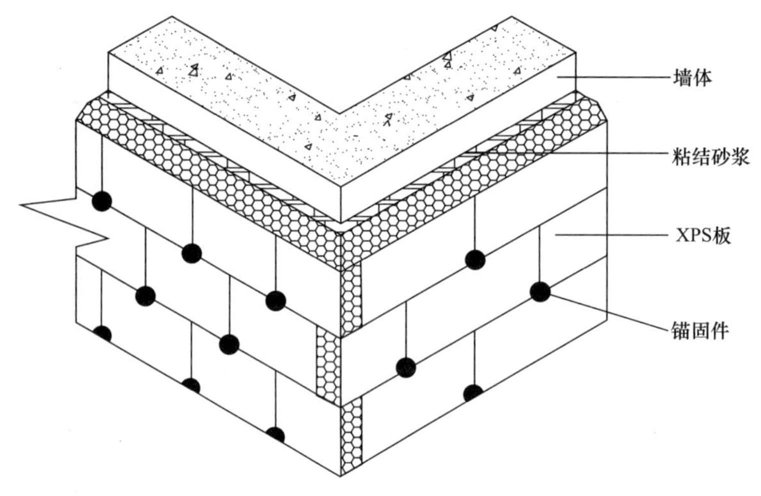

图 2-3　XPS 板排列示意图

1　防火隔离带、外墙外保温工程施工前，应编制施工技术方案，防火隔离带保温板与外墙外保温系统保温板之间应拼接严密，宽度超过 2mm 的缝隙应用外墙外保温系统的保温材料填塞。应先做门窗洞口周边的保温层，再做大面保温板和防火隔离带。

2　防火隔离带保温板应使用锚栓辅助连接，锚栓应压住底层玻璃纤维网布。锚栓间距不应大于 600mm，锚栓距离保温板端部不应小于 100mm，每块保温板上的锚栓数量不应少于 1 个。当采用岩棉带时，岩棉带应进行表面处理，可采用界面剂或界面砂浆进行涂覆处理，也可采用玻璃纤维网布聚合物砂浆进行包覆处理。锚栓的扩压盘直径不应小于 100mm。

3　防火隔离带的基本构造应与外墙外保温系统相同，构造见图 2-4；防火隔离带部位的抹面层应加底层玻璃纤维网布，底层玻璃纤维网布垂直方向超出防火隔离带边缘不应小于 100mm，见图 2-5；水平方向可对接，对接位置离防火隔离带保温板端部接缝位置不应小于 100mm，见图 2-6。当面层玻璃纤维网布上下有搭接时，搭接位置距离隔离带边缘不应小于 200mm。防火隔离带应设置在门窗洞口上部，且防火隔离带下边缘距洞口上沿不应超过 500mm。

4　当防火隔离带在门窗洞口上沿时，门窗洞口上部防火隔离带在粘贴时应做玻璃纤维网布翻包处理，翻包的玻璃纤维网布应超出防火隔离带保温板上沿 100mm，见图 2-7。翻包、底层及面层的玻璃纤维网布不得在门窗洞口顶部搭接或对接，抹面层平均厚度不宜小于 6mm。

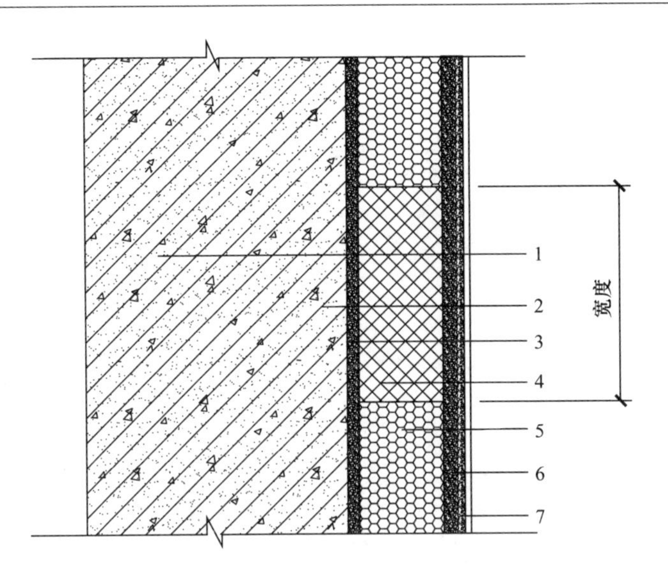

图 2-4　防火隔离带基本构造

1—基层墙体；2—锚栓；3—胶粘剂；4—防火隔离带保温板；5—外保温系统的保温材料；
6—抹面胶浆＋玻璃纤维网布；7—饰面材料

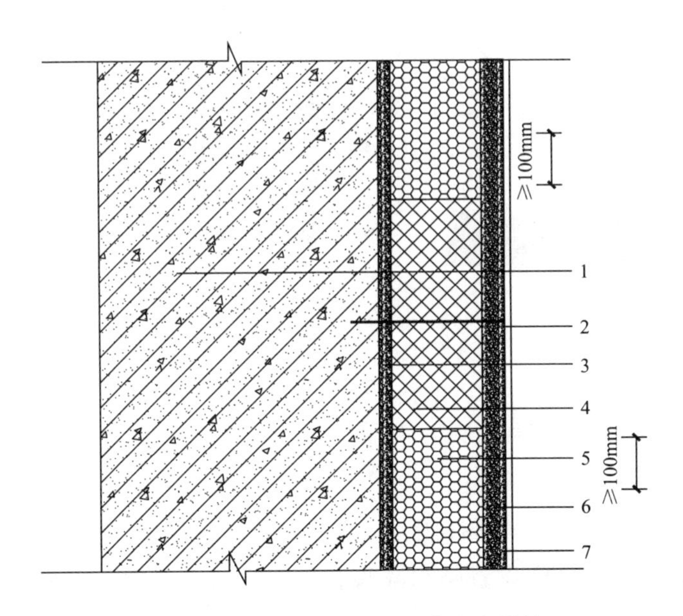

图 2-5　防火隔离网格布垂直方向搭接

1—基层墙体；2—锚栓；3—胶粘剂；4—防火隔离带保温板；5—外保温系统的保温材料；
6—抹面胶浆＋玻璃纤维网布；7—饰面材料

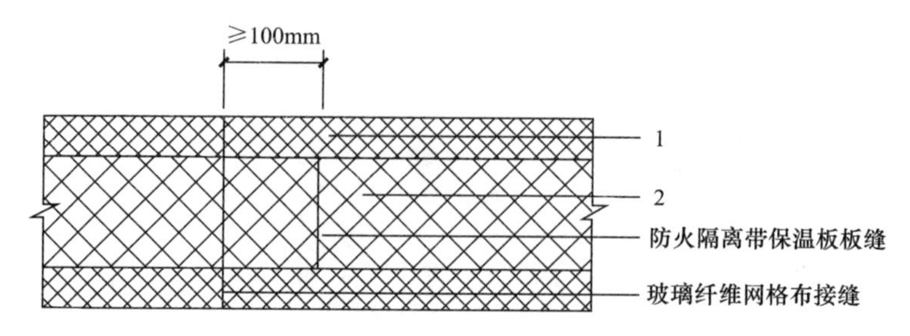

图 2-6　防火隔离网格布水平方向对接

1—底层玻纤网格布；2—防火隔离带保温板

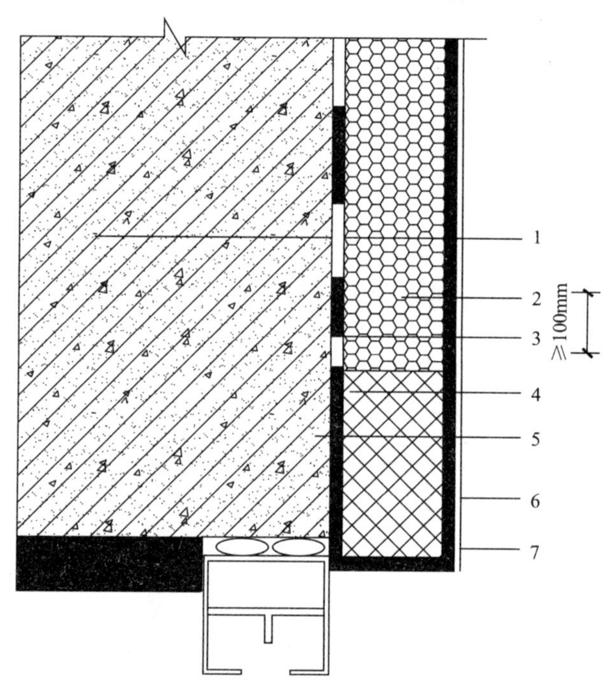

图 2-7　门窗洞口上部防火隔离带做法

1—基层墙体；2—外保温系统的保温材料；3—胶粘剂；4—防火隔离带保温板；5—锚栓；6—抹面胶浆＋玻璃纤维网布；7—饰面材料

5　当防火隔离带在门窗洞口上沿，且门窗框外表面缩进基层墙体外表面时，门窗洞口顶部外露部分应设置防火隔离带，且防火隔离带保温板宽度不应小于 300mm，见图 2-8。

4.5.7　XPS 板接缝不平处应用粗砂纸磨平，粗砂纸背面宜衬有平整板材。打磨动作宜为轻柔的圆周运动。磨平后应用扫帚将碎屑清理干净。

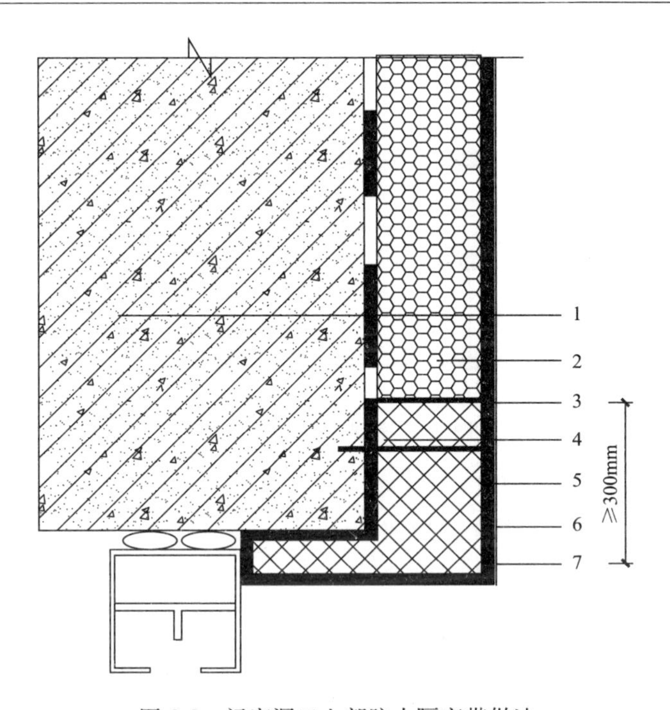

图 2-8　门窗洞口上部防火隔离带做法

1—基层墙体；2—外保温系统的保温材料；3—胶粘剂；4—防火隔离带保温板；5—锚栓；6—抹面胶浆＋玻璃纤维网布；7—饰面材料

4.6　安装锚栓

4.6.1　对不同墙体基层，宜分别采用专用锚固件连接；如遇空心砖基层时，使用具有自螺母效应的锚栓；其他基层可使用普通锚栓。

4.6.2　锚固件安装应在挤塑板粘贴完成至少 24h 后进行。

4.6.3　安装外墙保温专用锚固件应使用电锤打孔。墙体上的孔深约 50mm。锚固件安装数量根据设计规定及建筑构造特点确定，锚固件应呈梅花状布置，锚栓布置如图 2-9 所示。

4.7　抗裂砂浆层施工

4.7.1　抹底层聚合物抗裂砂浆

1　聚合物抗裂砂浆的配制：按干粉：水为 4：1（重量比）配制，搅拌及使用方法与粘结砂浆相同。抹底层聚合物抗裂砂浆厚度为 2～3mm。

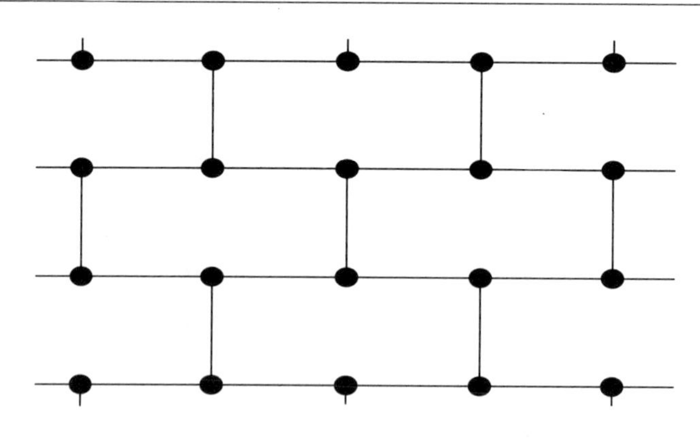

图 2-9　锚固件排列示意图

2　贴压网格布：将大面网格布水平绷平，贴于底层抗裂砂浆上，用抹子由中间向四周把网格布压入砂浆的表层，要平整压实，严禁网格布褶皱。网格布不得压入过深，紧贴底层聚合物砂浆为宜，表面必须暴露在底层砂浆之外。单张网格布长度不宜大于 6m。铺贴遇有搭接时，必须满足横向 100mm、纵向 80mm 的搭接长度。局部搭接处可用抗裂砂浆补充胶浆，不得使网格布空鼓、翘边。

3　门、窗洞口四角，沿 45°方向加铺一层 400mm×200mm 网格布进行加强（详见图 2-10）。

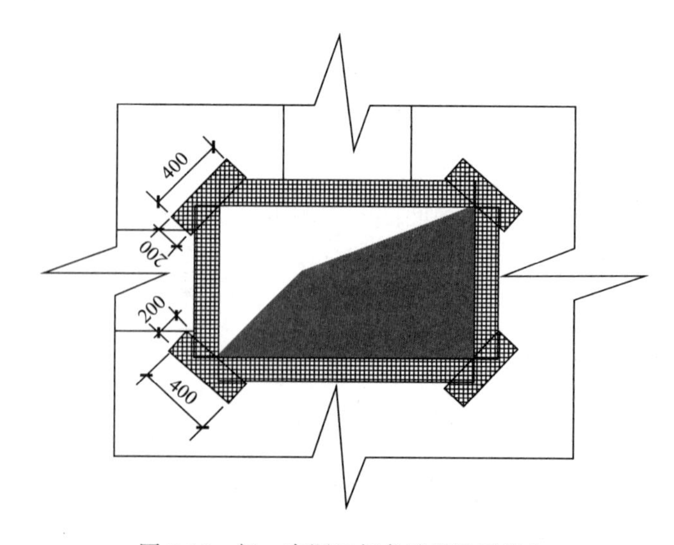

图 2-10　门、窗洞口拐角处增设网格布

4　抹面层聚合物抗裂砂浆：在底层抗裂砂浆初凝前再抹一遍抗裂砂浆，厚度为 1～2mm，以覆盖网格布、微见网格布轮廓为宜。面层砂浆切忌不停揉搓，避免形成空鼓。抗裂砂浆应在抹灰间歇处断开，方便后续搭接，如伸缩缝、阴阳角、挑台等部位。连续墙面上如需停顿，面层抗裂砂浆不应完全覆盖已铺好的网格布（网格布甩茬不应小于搭接长度规定的尺寸），网格布与底层砂浆应呈台阶形坡槎，留槎间距不小于 150mm，避免网格布搭接处平整度超出偏差。

5　首层墙面应铺贴双层耐碱玻纤网格布：第一层铺贴网格布，网格布与网格布之间应采用搭接方法，严禁网格布在阴阳角处对接，搭接部位距离阴阳角不小于 200mm；然后进行第二层网格布铺贴（宜采用加强型玻纤网格布），铺贴方法同第一次铺贴方法，两层网格布之间抗裂砂浆应饱满，严禁干铺。

6　建筑物首层外保温应在四周大阳角处双层网格布之间加设专用金属护角（高度为 2m）。在第一层网格布铺贴完成后，安装金属护角，并用抹子在护角孔处拍压出抗裂砂浆，再抹第二遍抗裂砂浆铺设加强型玻纤网格布包裹住护角，保证护角安装牢固。

4.8　外墙涂料施工

4.8.1　基层处理

1　抗裂砂浆表面修整后应让其充分干燥。含水率≤10％，pH≤8，在气温不低于 5℃，相对湿度≤85％的条件下方可施工。

2　基层要求牢固、坚实、干燥、平整、清洁、无浮尘、无油迹。

3　做好成品（如门窗等相关设施）的防污保洁工作，造成污染应及时清理，做到落手清。

4.8.2　批刮柔性耐水腻子

1　刮柔性耐水腻子分两遍完成，第一遍满刮耐水腻子并修补找平局部坑洼部位，单遍厚度不超过 1.5mm。

2　第二遍将外墙抹灰面填补料腻子调配成批墙腻子，用刮板满刮墙面，直至平整。

3　腻子表面干燥后用砂纸打磨，使其表面平整、光洁、细腻。

4.8.3　涂刷封闭底漆

在腻子层干燥后即可涂刷封闭底漆，涂刷工具采用优质短毛滚筒。均匀的涂刷一遍封闭底漆，直至完全封闭基层，不得漏涂，与下一工序间隔时间≥24h（25℃）。

4.8.4　涂刷面漆

采用外墙面漆均匀涂刷二遍，使其完全遮盖基层，色彩一致。刷面漆前做好分格处理，墙面用分线纸分格代替分格缝，用造型滚筒滚面漆时，应用力均匀，让其紧密贴附于墙面，蘸料均匀，按涂刷方向和要求涂刷面漆两遍成活。

4.8.5　干燥时间

涂层表干 30min（25℃），实干 24h（25℃）。重涂时间至少间隔 12h。

4.8.6　面层验收

4.9　细部及特殊位置做法

4.9.1　滴水线做法

按工程建筑设计图处理成凹形，宜用专用工具（电热丝）在挤塑板上刨出凹槽；将刨切好的挤塑板用聚合物粘结砂浆粘贴于基层墙体上，施工方法与墙体粘贴 XPS 板保温层做法相同，聚合物粘结砂浆粘结面积不小于挤塑板总面积的 50%；在墙体 XPS 板保温层基本做法的基础上，加铺一层耐碱玻璃纤维网格布，再抹聚合物抗裂砂浆，在凹槽内嵌入塑料滴水线条粘牢固定，并找出流水坡向，坡度大于 2%，具体见图 2-11。

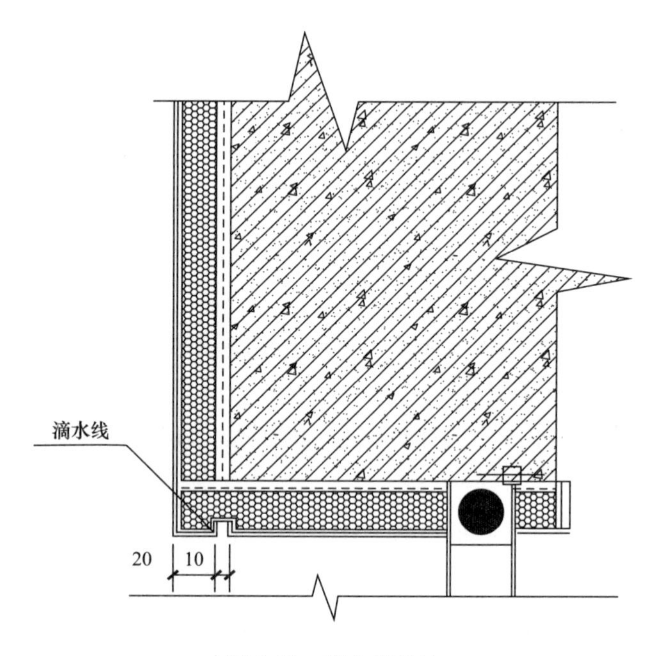

图 2-11　滴水线做法

4.9.2　变形缝做法

在变形缝处塞入低密度聚苯板，缝两侧网格布翻包，网格布应断开，保温层（系统）做法与墙面保温层（系统）相同。变形缝应用铝扣板封闭，用螺栓固定。

4.9.3　檐板线条

檐板线条施工应为满粘，然后做锚固钉加固，最后抹抗裂砂浆压入一层耐碱网格布，网格布和抗裂砂浆按照常规做法施工。

4.9.4　其他节点做法详见图 2-12～图 2-14。

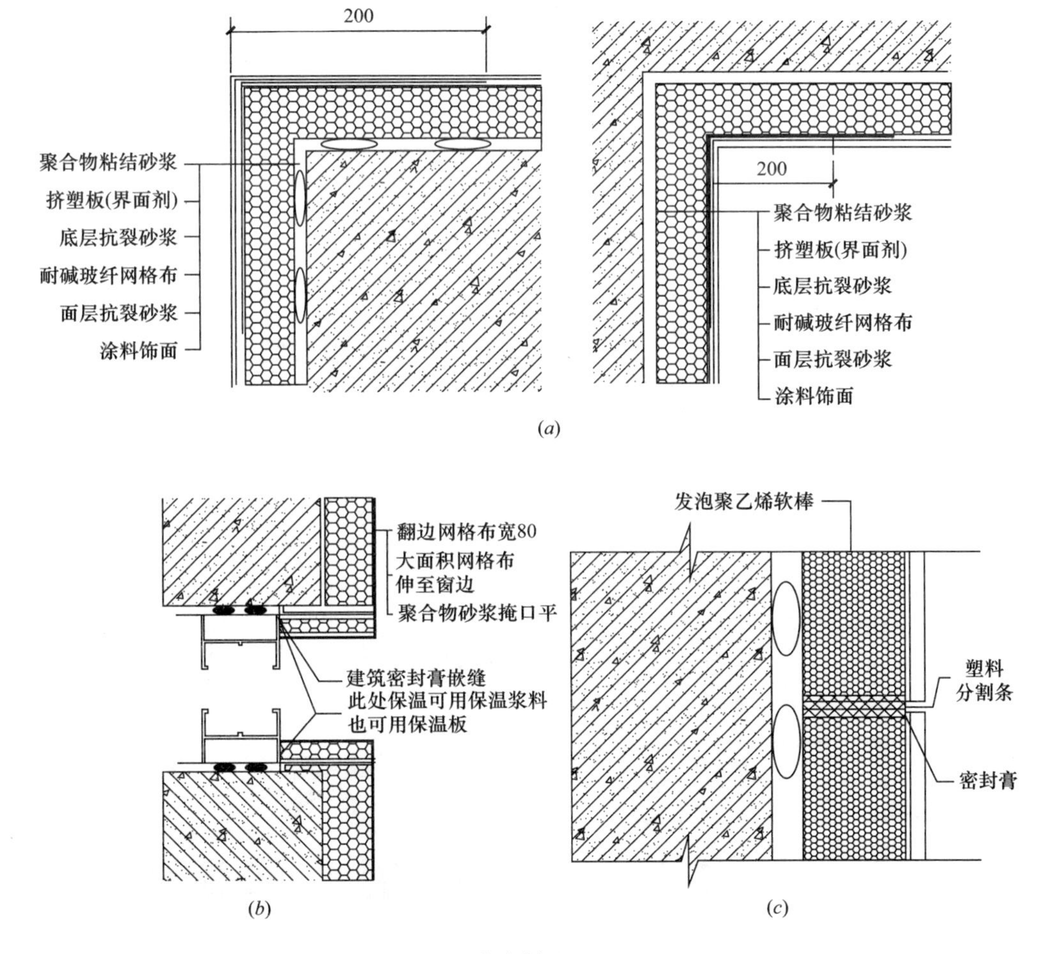

图 2-12　节点做法（一）（一）

（*a*）阴阳角的做法；（*b*）窗上、下口做法；（*c*）分隔缝做法

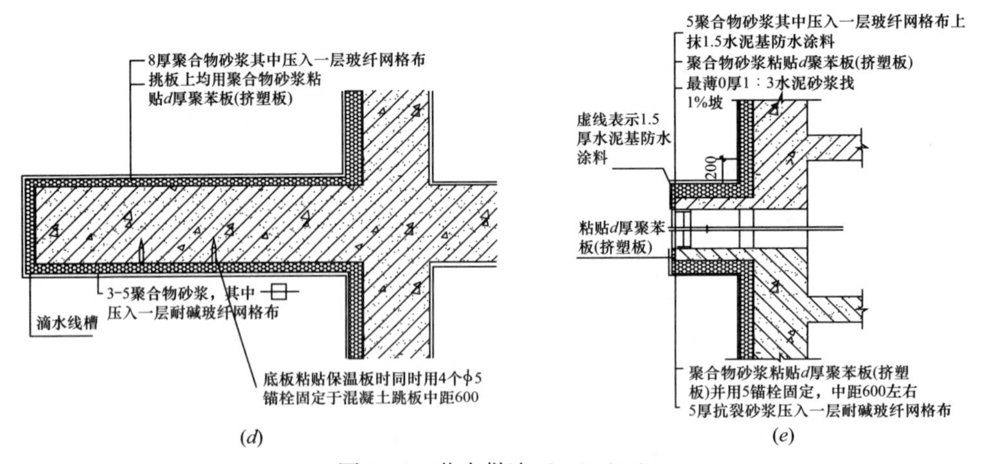

图 2-12　节点做法（一）（二）

（*d*）空调板示意图；（*e*）凸窗保温示意

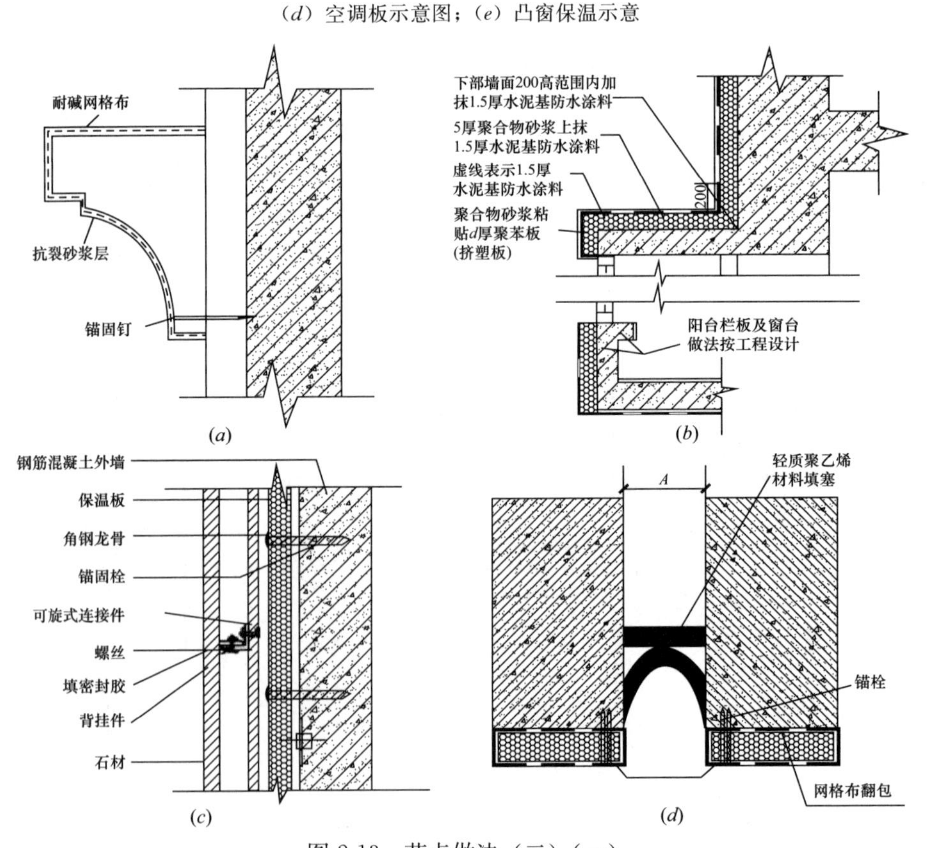

图 2-13　节点做法（二）（一）

（*a*）装饰线做法；（*b*）阳台栏板保温做法；（*c*）干挂石材饰面做法剖面；（*d*）水管落卡子构造图

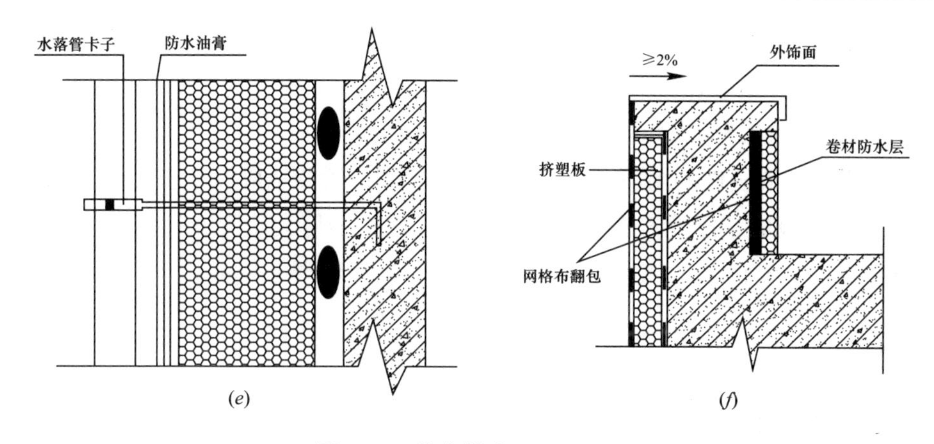

图 2-13　节点做法（二）（二）

（*e*）女儿墙做法；（*f*）变形缝示意图

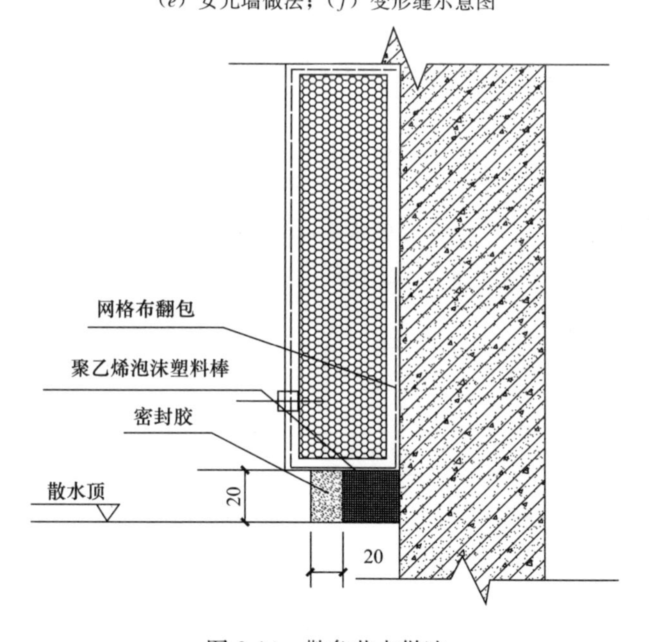

图 2-14　勒角节点做法

5　质量标准

5.1　外墙外保温质量标准

5.1.1　主控项目

1　所用材料和半成品、成品进场后，应做质量检查和验收，其品种、规格、性能必须符合设计和有关标准的要求。

2　XPS板与墙面必须粘结牢固，无松动和虚粘现象，粘结面积不小于40%。加强部位的粘结面积应符合设计要求。

3　需安装锚固件的墙面，锚固件数量、锚固位置和锚固深度应符合设计要求。

4　XPS板的厚度应符合设计要求，其负偏差不得大于3mm。

5　抹面抗裂砂浆与XPS板必须粘结牢固，无脱层、空鼓，面层无暴灰和裂缝等缺陷。

5.1.2　一般项目

1　挤塑板安装应上下错缝，板间应挤紧拼严，拼缝平整，碰头缝不得抹粘结剂。

2　玻纤网格布应铺压严实，不得有空鼓、褶皱、翘曲、外露等现象。搭接长度必须符合规定要求，加强部位的玻纤网格布做法应符合设计要求。

5.1.3　允许偏差

1　XPS板安装允许偏差和检验方法见表2-1。

XPS板安装允许偏差和检验方法　　**表2-1**

项次	项目	允许偏差（mm）	检查方法
1	表面平整	3	用2m靠尺楔形塞尺检查
2	立面垂直	3	用2m垂直检查尺检查
3	阴阳角垂直	3	用2m托线板检查
4	阳角方正	3	用200mm方尺检查
5	接槎高差	1.5	用直尺和楔形塞尺检查

2　外保温墙面层的允许偏差和检验方法见表2-2。

外保温墙面层的允许偏差和检验方法　　**表2-2**

项次	项目	允许偏差（mm）	检查方法
1	立面垂直	3	用2m托线板检查
2	表面平整	3	用2m靠尺及塞尺检查
3	阴阳角垂直	3	用4m托线板检查
4	阴阳角方正	3	用5m托线板检查
5	分格条（缝）平直	3	用5m线和尺量检查

续表

项次	项目	允许偏差（mm）	检查方法
6	立面总高垂直度	$H/1000$ 且不大于 20	用吊线、经纬仪检查
7	上下窗口左右偏移	不大于 20	用吊线、经纬仪检查
8	同层窗口上、下	不大于 21	用经纬仪拉通线检查
9	保温层厚度	平均厚度不出现负偏差	用钢针、钢尺检查

5.2 外墙涂料质量标准

涂料工程待涂层完全干燥后，方可进行验收。检查数量按总面积的 10%抽检，验收时应检查所用材料品种、颜色是否符合设计要求，施涂涂料表面的质量应符合表 2-3 规定。

溶剂型外墙涂料涂饰工程质量要求 **表 2-3**

项次	项目	普通涂饰	中级涂饰	高级涂饰	检验方法
1	漏涂、透底	不允许	不允许	不允许	目测
2	咬色、流坠、起皮	明显处不允许	明显处不允许	不允许	
3	光泽	—	光泽较均匀	光泽均匀一致	
4	分色、裹棱	明显处不允许	明显处不允许	不允许	
5	开裂	不允许	不允许	不允许	
6	针孔、砂眼	—	允许少量	不允许	
7	装饰线、分色线平直	偏差不大于 5mm	偏差不大于 3mm	偏差不大于 1mm	拉 5m 线检查，不足 5m 拉通线检查
8	颜色、刷纹	颜色一致	颜色一致	颜色一致、无刷纹	目测
9	五金、玻璃等	洁净	洁净	洁净	

6 成品保护

6.0.1 施工中各专业工种应紧密配合，合理安排工序，严禁颠倒工序作业。

6.0.2 抹完聚合物水泥砂浆的保温墙体，不得随意开凿孔洞；如需开槽孔洞，应在聚合物水泥砂浆达到设计强度后进行，安装物件后其周围应恢复原状。

6.0.3 防止明水浸湿保温墙面。

6.0.4 在施工完成的保温墙体附近不得进行电焊、电气操作，不得用重物撞击墙面。

6.0.5　XPS 板存放时应有防火、防潮和防水措施，转运时应注意保护。

7　注意事项

7.1　应注意的质量问题

7.1.1　保温板安装质量问题的控制

保温板属于外保温系统中保温隔热材料，安装保温板时应从以下几点进行质量控制：

1　检查保温板与基层粘结的牢固性，要确保粘结面积。

2　在门窗洞口部位、阴阳角处以及与外饰构件接口处保温板在墙面上的排布要严格按照施工方案进行。

3　保温板粘贴应控制其粘结平整度，在保温板与防火隔离带交界处，要做好接缝处的平面处理。

4　保温板裁割时，要用专用的刀具操作，严禁用手掰，裁割后边角应整齐。

7.1.2　外墙保温系统分格缝的质量控制要点

分格缝应严格按外墙外保温施工验收规范施工，伸缩、变形缝两侧用窄幅玻纤网格布翻包，缝侧抹抗裂砂浆耐碱玻纤网格布，施工过程的注意事项如下：

1　现场分格缝密封材料有合格证及生产厂家相关资质文件，使用前必须查验密封材料，包装未开封。

2　分格缝施工前应将缝内及周边清理干净，无保温板碎块、浮尘、抗裂砂浆等杂物。

3　分格缝施工应在外饰涂料施工前进行，如因特殊情况需在外饰涂料施工后进行分格缝施工时，应在缝侧两边粘贴不粘胶纸带保护相邻处的涂饰面。

4　缝内填塞发泡聚乙烯圆棒（条）作背衬，直径或宽度为缝宽的 1.3 倍，分两次嵌填建筑密封膏，密封膏应塞满缝内，与两侧抗裂砂浆紧密粘结。

7.1.3　对保温层局部破损修补的质量控制要点

在外墙外保温施工时，如遇外墙预留脚手眼或因工序穿插、操作不当等致使外保温系统局部出现破损，在修补时应按如下质量控制程序进行修补：

1　用锋利的刀具剜除破损处，剜除面积略大于破损面积，形状大致一样。注意防止损坏周围的抗裂砂浆、网格布和聚苯板。清除干净残余的粘结砂浆和保温板碎粒。

2　切割一块规格、形状完全相同的保温板，在背面涂抹厚度适当的粘结砂浆，塞入破损部位与基层墙体粘牢，表面应与周围保温板齐平。

3　把破损部位四周约 100mm 宽度范围内的涂料面层及抗裂砂浆磨掉、清理干净。不得破坏网格布，不得损坏底层抗裂砂浆。若切断了网格布，打磨面积应向外扩展。如底层抗裂砂浆破碎，应抠出碎块。

4　应在修补部位的周边贴不干胶纸带，以防造成污染。

5　用抗裂砂浆补齐破损部位的底层抗裂砂浆，用湿毛刷清理不整齐的边缘。对没有无新抹砂浆的修补部位作界面处理。剪一块面积略小于修补部位的网格布（玻纤方向横平竖直），绷紧后紧密贴到修补部位上，确保与原网格布的搭接宽度不小于 100mm。

6　从修补部位中心向四周抹面层抗裂砂浆，与周围面层顺平。防止网格布移位、皱褶。用湿毛刷修整周边不规则处。抗裂砂浆干燥后，在修补部位做外饰面，其纹路、色泽尽量与周围饰面一致。外饰面干燥后，撕去不干胶纸带。

7.1.4　节点部位保温层防渗水的质量控制要点

1　女儿墙部位：将女儿墙从大面墙体到女儿墙压顶的保温系统连贯，用网格布全覆盖，不留缝隙，面层砂浆抹完后涂刷防水涂料；

2　空调板部位：应在保温层施工前针对空调板与墙面连接部位（即空调板根部），进行防水处理，通常情况下涂刷防水涂料即可；该工作完成后经验收合格再进行保温板粘贴，网格布延伸到墙面部分应至少保证 100mm，确保保温系统形成一个整体；

3　窗侧部位：施工时应注意保温系统与窗户专业配合，该部位保温施工前应督促窗户专业使用发泡聚氨酯材料或岩棉等材料将窗侧面与窗副框之间的空隙填塞密实，并打胶密封；保温面层用专用抗裂砂浆找平收口，留出 5%～10%的流水坡度，保温厚度做至面层不得高于窗框排水孔的位置，不得堵塞排水孔；保温做完后及时用中性硅酮密封胶密封保温层与窗户之间的缝隙；

4　穿墙螺杆洞口部位：做保温之前使用相同的保温材料进行填塞密实，表面做防水处理后进行保温层施工，外墙内侧在进行装修施工时亦应进行孔洞填塞和防水处理，防止引起渗水；

5　合理安排进度计划，尽量避免雨天施工。雨天应停止施工，对于施工过程中的部位应采取适当的保护措施，可以采用彩条布进行遮挡等。

7.1.5　防止保温面层及外饰面层开裂的质量控制

1　保温板安装后应等到粘结砂浆干燥硬化后进行面层施工，避免因粘结砂浆水分蒸发造成体积收缩，影响面层稳定。安装保温板应符合相关质量要求，严格现场检验，对平整度、垂直度超标部位进行修正，包括对板面打磨，以免因保温板平整度、垂直度超差造成面层抹灰厚度不均，局部抹灰厚度过大导致面层开裂。

2　面层抹灰厚度不宜太厚，严格按抹灰厚度的进行施工，一般为 3～5mm；在铺压网格布环节，要按照要求操作，杜绝干铺，铺压时尽量靠近抗裂砂浆外侧，以能看到网格布痕迹但不外露为准，网格布搭接要到位，严禁不搭接或搭接宽度不够（不得小于 100mm），细部节点处理一定要正确合理、细致到位，做到保温系统整体性良好，不出现由于局部缺陷影响外墙大面保温体系施工质量引起的面层质量隐患。

3　面层施工完毕后，在正常情况下自然养护 5～7d，防止阳光暴晒和风吹，以免影响砂浆初期强度，引起开裂；等到抗裂砂浆层完全固化干燥，强度指标达到规定标准以上时，保温面层验收合格方可进行饰面层施工。

4　采用信誉和质量较高的抗裂砂浆品牌，抗裂砂浆材料应具备较高的弹性，较低的吸水性，同一工程使用同一品牌材料，严禁不同品牌材料在现场混用。

7.2　应注意的安全问题

施工现场由专职安全员负责安全管理，制定并落实岗位安全生产责任制度，签订安全协议。工人上岗前必须进行安全技术培训，施工机械、吊篮等操作培训，培训、考核合格后才能上岗操作。

7.2.1　进场进行安全三级教育，并进行考核，确保安全意识深入人心。

7.2.2　所有进入现场的人员要正确佩戴安全帽，高空作业应正确系好安全带，不许从高空抛物，严格遵守有关的安全操作规程，做到安全生产和文明施工。

7.2.3　架子搭设完毕要进行验收，验收合格后办理交接手续方可使用。

7.2.4　脚手板铺满并搭牢，严禁探头板出现。

7.2.5　在脚手架或操作台上堆放保温板时，应按规定码放平稳，防止脱落。操作工具要随手放入工具袋内，严禁放在脚手架或操作台上，严禁上下抛掷。

7.2.6　五级以上（含五级）大风、大雾、大雨天气停止外保温施工作业。在雨期要经常检查脚手板、斜道板、跳板上有无积水等，若有则应清扫，并要采取防滑措施。

7.2.7　安全用电注意事项

1　定期和不定期对临时用电的接地、设备绝缘和漏电保护开关进行检测、维修、发现隐患及时消除。

2　施工现场的供电系统实施三级配电两级保护。

3　电气设备装置的安装、防护、使用、维修必须符合《施工现场临时用电安全技术规范》JGJ 46—2005 的要求。

4　电气作业时必须穿绝缘鞋，戴绝缘手套，酒后不准操作。

5　室内照明灯具距地面不得低于 2.4m。每路照明支线上灯具和插座数不宜超过 25 个，额定电流不得大于 15A，并用熔断器保护。

6　施工现场和生活区域严禁私拉乱接电线，一经发现严肃处理。

7　施工人员在使用电动工具时，必须严格执行现场临时用电协议。

8　每天施工完毕要将配电箱遮盖好，切断各部分电源，将操作面杂物清除干净，以防止出现安全隐患。

9　闸箱上锁，钥匙由专人保管。

10　设备出现故障立即停止使用，通知维修人员解决。

11　遵守施工现场安全制度。

7.3　应注意的绿色施工问题

7.3.1　板材运输、装卸应轻抬轻放，堆放场地应坚实、平整、干燥，注意防火。

7.3.2　各种材料分类存放并挂牌标明材料名称，切勿用错，粉料存于干燥处，严禁受潮。

7.3.3　粘贴保温板和玻纤布时，板面上及掉在地上的胶粘剂要及时清理干净。

7.3.4　运输聚合物砂浆、粘结砂浆、保温板材料要进行扬尘控制，对运输车辆进行检查，杜绝由于车辆原因引起的遗撒，严禁超载，对车厢进行覆盖。对于意外原因所产生的遗撒及时进行处理。

7.3.5　出入口设置车辆清洗装置，并设置沉淀池，对进出运输材料的车辆设专人检查，对携带污染物的车轮进行冲洗，并及时清理路面污染物。

7.3.6　墙面清理、补平工作完毕后，将粘在墙面的灰浆及落地灰及时清理干净。

7.3.7 配制胶粘剂及抗裂砂浆的电动搅拌器在封闭区域内使用，并使噪声达到环保要求。

7.3.8 现场设置废弃物临时置放点，并在临时存放场地配备有标识的废弃物容器，设专人负责对废弃的砂浆、保温板的边角料等进行收集、处理。

7.3.9 坚持文明施工，随时清理建筑垃圾，确保场内道路畅通，现场施工的废水、淤泥及时组织排放和外运。每天下班应将材料、工具清理好，使施工现场卫生保持干净、整洁。

8 质量记录

8.0.1 设计文件、图纸会审、设计变更和洽商。

8.0.2 主要材料、设备和构件的质量证明文件、进场检验记录、进场核查记录、进场复验报告、见证试验报告。

8.0.3 隐蔽工程验收记录和相关图像资料。

8.0.4 检验批质量验收记录。

8.0.5 分项工程质量验收记录。

8.0.6 建筑围护结构节能构造现场实体检验记录。

8.0.7 其他对工程质量有影响的重要技术资料。

8.0.8 施工记录。

8.0.9 质量问题处理记录。

第3章 酚醛板薄抹灰外墙保温

本工艺标准适用于以混凝土或砌体为基层墙体的民用建筑，并采用酚醛泡沫板薄抹灰的外墙外保温工程施工。

1 引用标准

《建筑节能工程施工质量验收规范》GB 50411—2007

《建筑工程施工质量验收统一标准》GB 50300—2013

《民用建筑热工设计规范》GB 50176—2016

《公共建筑节能设计标准》GB 50189—2015

《酚醛泡沫板薄抹灰外墙外保温工程技术规程》CECS 335：2013

《绝热用硬质酚醛泡沫制品（PF）》GB/T 20974—2014

《塑料用氧指数法测定燃烧行为 第2部分：室温试验》GB/T 2406.2—2009

《严寒和寒冷地区居住建筑节能设计标准》JGJ 26—2010

《夏热冬冷地区居住建筑节能设计标准》JGJ 134—2010

《外墙外保温工程技术规程》JGJ 144—2004

《膨胀聚苯板薄抹灰外墙外保温系统》JG 149—2003

《外墙外保温用硬质酚醛泡沫绝热制品》JC/T 2265—2014

《外墙保温用锚栓》JG/T 366—2012

2 术语（略）

3 施工准备

3.1 作业条件

3.1.1 基层墙体已验收合格。门窗框及墙身上各种进户管线、水落管支架、预埋件等按设计安装完毕。施工前必须认真检查基层墙面的垂直度和平整度。

3.1.2　用2m靠尺检查墙体平整度，最大偏差大于4mm时，用1∶3水泥砂浆找平；最大偏差小于4mm时，用1∶3水泥砂浆修补不平处。

3.1.3　砌体墙用20厚1∶3水泥砂浆找平。

3.1.4　基层墙体及找平层应干燥。

3.1.5　面层砂浆施工时，应避免阳光直射。必要时可在脚手架上搭设防晒布，遮挡施工墙面。

3.1.6　施工现场环境温度和墙体表面温度在施工完成后24小时内不得低于5℃，风力不大于5级。

3.1.7　夏季施工时应该采取有效措施，防止雨水冲刷墙面。

3.2　材料及机具

3.2.1　材料

1　酚醛板外保温系统应进行耐候性试验，其耐候性能应符合表3-1。

酚醛板外保温系统耐候性性能　　**表3-1**

项目	性能要求
外观	无裂缝，无粉化、空鼓、剥落现象
抹面层与保温层拉伸粘接强度（MPa）	≥0.08

2　酚醛板外保温系统性能应符合表3-2。

酚醛板外保温系统性能　　**表3-2**

项目		性能要求
抗冲击性（养护14d，浸水7d，干燥7d）		普通型，3.0J级冲击合格 加强型，10.0J级冲击合格
吸水量（浸水1h）（g/m^2）		≤500
耐冻融	外观	无可见裂缝，无粉化、空鼓、剥落现象
耐冻融	抹面层与保温层拉伸粘接强度（MPa）	≥0.08
水蒸气透过湿流密度［$g/(m^2 \cdot h)$］		≥0.85
热阻（$m^2 \cdot K/W$）		给出热阻值，并应符合设计要求
抗风荷载性能		抗风压值不小于工程项目风荷载设计值，试验后无断裂、分层、脱开、拉出现象

注：抗风荷载性能可在完成耐候性循环后的试样上进行。

3　酚醛泡沫板主要性能、尺寸允许偏差表 3-3、表 3-4 的规定。

酚醛泡沫板主要性能　　**表 3-3**

项目		性能要求
导热系数［W/(m·K)］		≤0.032
垂直于表面的抗拉强度（MPa）		≥0.08
吸水率（V/V）（%）		≤6.5
透湿系数［g/(Pa·m·s)］		2～8
尺寸稳定性（70℃，48h）（%）		≤1.0
压缩强度（MPa）		≥0.12
弯曲性能	弯曲断裂（N）	≥20
	弯曲变形（mm）	≥4
燃烧性能	燃烧性能分级	不低于 B 级
	氧指数（%）	≥38
表观密度（kg/m^3）		≥45

注：当垂直于表面的抗拉强度符合要求，表观密度不符合要求时，表观密度不作为判定指标。

酚醛泡沫板尺寸允许偏差（mm）　　**表 3-4**

项目	尺寸允许偏差
厚度	±2
宽度	±3
长度	±3
对角线差	4
平整度	2

4　胶粘剂的性能应符合表 3-5。

胶粘剂的性能要求　　**表 3-5**

项目		性能要求
拉伸粘接强度（MPa）（与水泥砂浆板）	原强度	≥0.60
	耐水强度（浸水 2d，干燥 7d）	≥0.60
拉伸粘接强度（MPa）（与酚醛泡沫板）	原强度	≥0.08
	耐水强度（浸水 2d，干燥 7d）	≥0.08
可操作时间（h）		1.5～4.0

5 抹面胶浆性能应符合表3-6。

抹面胶浆性能 **表3-6**

项目		性能要求
拉伸粘接强度（MPa）	原强度	≥0.08
	耐水强度（浸水2d，干燥7d）	≥0.08
	耐冻融强度（循环30次，干燥7d）	≥0.08
压折比		≤3.0
可操作时间（h）		1.5～4.0
抗冲击性（养护14d，浸水7d，干燥7d）		3.0J级
吸水量（浸水1h）（g/m^2）		≤800
不透水性		试样抹面层内侧无水渗透

6 玻璃纤维网格布主要性能应符合表3-7。

玻璃纤维网格布主要性能 **表3-7**

项目	性能要求
单位面积质量（g/m^2）	≥130
耐碱断裂强度（经向、纬向）（N/50mm）	≥750
耐碱断裂强力保留率（经向、纬向）（%）	≥50
断裂伸长率（经向、纬向）（%）	≤5.0

7 锚栓性能应符合现行行业标准《外墙保温用锚栓》JG/T 366—2012的技术要求。

8 酚醛泡沫板外保温系统其他组成材料应符合相应产品标准的要求。

9 外墙外保温系统及其组成材料性能试验方法应符合《酚醛泡沫板薄抹灰外墙外保温工程技术规程》CECS 335：2013中附录A的规定。

3.2.2 机具

1 机械设备：电动吊篮或专用保温施工脚手架、手提式搅拌器、垂直运输机械、水平运输手推车等。

2 常用施工工具：铁抹子、阳角抹子、阴角抹子、电热丝切割器、电动搅拌器、壁纸刀、电动螺丝刀、剪刀、钢锯条、墨斗、棕刷或滚筒、粗砂纸、塑料搅拌桶、冲击钻、电锤、压子、钢丝刷等。

3　常用检测工具：经纬仪及放线工具、拖线板、靠尺、塞尺、方尺、水平尺、探针、钢尺、小锤等。

4　操作工艺

4.1　工艺流程

基层清理→弹控制线→排版（刷界面剂）→配制胶粘剂→粘贴酚醛保温板→锚栓锚固→防护层施工→验收

4.2　基层清理

保温基层检查、验收：保温层施工前必须经业主、监理、施工单位联合验收（可分段验收），验收合格且办理交接手续方可进行施工。

4.2.1　外墙保温基层表面应平整牢固、清洁干燥，符合设计要求，水泥砂浆找平不得有裂缝、酥松、起砂、起皮、空鼓现象。

4.2.2　基层表面的平整度、垂直度偏差不超过 3mm，用 2m 靠尺检查，超过时对突出墙面处进行打磨，对凹进部位进行找补（找补厚度超过 6mm 时，用 1∶2.5 水泥砂浆抹灰；找补厚度小于 6mm 时，用专用粘结砂浆实施找补），整个墙面的平整度在 3mm 内，阴阳角方正、上下通顺。

4.2.3　外墙保温基层必须干净、干燥、平整；阳台栏板、挑檐等突出墙面部位尺寸应符合设计要求；门窗框已安装到位。

4.3　弹线控制

4.3.1　根据建筑立面设计和外墙保温系统的技术要求，在墙面弹出外门窗水平、垂直及伸缩缝、装饰缝线，按保温板规格弹出每一块板的线。

4.3.2　在建筑物外墙阴阳角及其他必要处挂垂直基准控制线，每个楼层适当位置挂水平线，以控制保温板粘贴的垂直度和平整度。

4.4　排版（刷界面剂）

4.4.1　保温板施工前应按图纸设计要求绘制排版图，确定异型板的规格和数量，并在基层上用墨线弹出板块位置图。

4.4.2　现场采用电热丝切割器切割保温板，注意切口与板面垂直，尺寸满足排版要求，侧边必须垂直、平整、顺溜，无毛边、瑕疵。切板时应合理安排，节约材料。

4.4.3　为增强保温板与粘结胶浆的结合力，在粘贴保温板前，先在酚醛板两面薄涂刷一道专用界面剂，待界面剂晾干后涂抹专用粘结砂浆进行墙面粘贴施工。

4.5　配制胶粘剂

4.5.1　施工使用的砂浆分为专用粘结砂浆及面层专用抗裂砂浆。

4.5.2　施工时用手持式电动搅拌机搅拌，拌制的粘结砂浆质量比为胶：水泥=2：1，边加水泥边搅拌；搅拌时间不少于5min，搅拌应充分、均匀，稠度适中并有一定黏度。

4.5.3　砂浆调制完毕静置5min，使用前再次搅拌，拌制好的砂浆应在1h内用完。

4.6　粘贴酚醛保温板

4.6.1　酚醛板施工前应按设计要求绘制排版图，确定异型板的规格和数量，并在基层上弹出板块位置图。

4.6.2　采用专用切割工具裁切酚醛板，注意切口与板面垂直。

4.6.3　粘结方式采用满粘法或点框法。

1　满粘法：

在板面周边先涂抹宽50mm专用界面粘结剂，从边缘向中间逐渐加厚，涂抹至整个板面，最厚处不大于10mm。然后将酚醛板粘贴在墙上，滑动就位；粘贴时应轻柔、均匀挤压，并用靠尺找平；严禁在粘贴板材时敲打板材，避免粘结砂浆震落，减小粘结面积，影响粘结强度。板面垂直度、平整度应符合规范要求。每贴完一块板，应及时清除挤出的粘结剂。板与板之间要紧密，板缝宽度超出5mm时，用相应厚度的保温板片填塞，拼缝高差不大于1mm。

2　点框法：

在板面周边抹上专用界面粘结剂，宽度50mm，厚度8～10mm，在板中间均匀涂抹6个点，每点直径100mm，厚度10～12mm，中心距200mm左右。粘贴施工做法同满粘法，粘贴面积应大于板块面积的50%。酚醛板应自下而上、水平粘贴，上下两排酚醛板宜竖向错缝板长的1/2，最小错缝尺寸不得小于200mm。墙角处应交错互锁。门窗洞口四角处的保温板应采用整块板切割成型，不得拼接，接缝距洞口四角的距离应不小于200mm。

4.7　锚栓锚固

锚栓的数量、位置、长度应符合以下要求：锚栓安装应在酚醛板粘贴至少 24h 后进行。保温板粘贴牢固后用冲击钻钻孔，按设计要求安装锚栓。用于外墙的锚栓固定深度应进入基层墙体内不小于 50mm。锚栓表面凸出板面不宜超过 0.5mm。

锚栓布置的位置及数量应符合设计要求，锚栓间距不大于 300mm，距基层墙体边缘不小于 60mm。均匀分布在单板上，每块板不应少于 5 个锚栓。

4.8　防护层施工

酚醛板防护层施工在酚醛板安装验收后进行抗裂砂浆防护层施工。防护层抹灰采用底层和面层两道抹灰法施工。在粘贴网格布（或钢丝网）的酚醛板表面涂抹一层面积略大于一块网格布的底层抗裂砂浆，厚度约 3mm；然后布置网格布并将弯曲的一面朝里，用抹刀由中间向四周抹平，网格布应紧贴底层抗裂砂浆表层。

抗裂砂浆应在抹灰施工间歇处断开，如伸缩缝、阴阳角、挑台等部位。在需断开的连续墙面上，面层抗裂砂浆不应完全覆盖已铺好的网格布（网格布甩茬不应小于搭接长度规定的尺寸），网格布与底层砂浆应留台阶形坡槎，留槎间距不小于 150mm，避免网格布搭接的平整度超出偏差。

墙体阴、阳角部位应采用耐碱玻纤网格布挂贴，并实施交错翻包搭接（每边的翻包搭接宽度均不小于 200mm）；也可先挂贴一道耐碱玻纤网格布，然后再加贴一道耐碱玻纤网格布（每边宽度均不小于 200mm），阴阳角耐碱玻纤网格布挂贴做法同上。

门窗洞口周边应采用不小于 200mm 宽的耐碱玻纤网格布进行包边加强，包入洞口内侧不小于 100mm，在四角加贴 600mm×200mm 耐碱玻纤网格布，铺贴角度 45°门窗洞口附加耐碱玻纤网格布做法同上。在保温墙面与非保温面交界处酚醛板挂贴的耐碱玻纤网格布应伸出 100mm 与非保温面搭接。

5　质量标准

5.1　主控项目

5.1.1　酚醛板外保温系统及主要组成材料性能应符合《酚醛泡沫板薄抹灰外墙外保温工程技术规程》CECS 335：2013 的规定。

5.1.2　酚醛泡沫板与基层墙体拉伸粘结强度不小于0.08MPa。

5.1.3　酚醛泡沫板厚度应符合设计要求。

5.1.4　酚醛泡沫板粘贴面积应符合《酚醛泡沫板薄抹灰外墙外保温工程技术规程》CECS 335：2013的规定。

5.2　一般项目

5.2.1　酚醛板外保温系统抹面层厚度应符合《酚醛泡沫板薄抹灰外墙外保温工程技术规程》CECS 335：2013的规定。

5.2.2　锚栓数量、位置、锚固深度应符合《酚醛泡沫板薄抹灰外墙外保温工程技术规程》CECS 335：2013和设计要求。

5.2.3　玻璃纤维网格布搭接宽度应符合设计要求。

5.3　允许偏差

酚醛保温板安装允许偏差及检验方法符合表3-8规定。

酚醛保温板安装允许偏差及检验方法　　表3-8

项次	项目		允许偏差（mm）	检验方法
1	表面平整度		4	用2m靠尺和塞尺检查
2	直度	每层	5	用2m托线板检查
		全高（H）	H/1000，且不应大于20	用经纬仪或吊线和尺量检查
3	阴阳角垂直		2	用2m托线板检查
4	阴阳角方正		2	用200mm方尺和塞尺检查
5	接缝高差		1	用直尺和楔形塞尺检查

6　成品保护

6.0.1　保温板安装完成后应及时进行抹面层及后续工序的施工。

6.0.2　对已安装保温板的保温墙体，不得随意开凿孔洞，如需开凿孔洞，应在胶粘剂达到设计强度后进行，安装物件后其周围应恢复原状。保温成品应尽快组织验收；检验合格后填写隐蔽记录和质量验收记录，并交付后续施工，防止保温层损坏。

6.0.3　严禁交叉施工；应有严密的保护措施，避免破坏保温层；因特殊情况破坏的保温层，应及时进行修补并做好签证和修补记录，检验合格后进行下道工序的施工。

6.0.4 存在砂浆或其他污物的保温成品表面，应清理干净，杜绝施工污染。

6.0.5 对下道工序施工可能造成保温成品破损的入口、阳角等部位，应采取临时防护措施。

6.0.6 保温系统各构造层在固化成型前应防止水浸、撞击、振动。当发生损伤、损坏时，应及时修补并做好签证和修补记录，杜绝质量隐患。

7 注意事项

7.1 应注意的质量问题

7.1.1 保温板安装质量要点的控制

保温板属于外保温系统中核心的保温隔热材料，在安装保温板过程中要从以下几点进行质量控制：

1 要检查保温板与基层粘结的面积，确保粘接牢固可靠。

2 保温板在墙面上要严格按照施工方案的排布要求进行规范排布，特别在门窗洞口部位、阴阳角处以及与外饰构件接口处。

3 保温板粘贴要控制粘接平整度，在与防火隔离带交界处，要做好接缝处的平面处理。

4 裁割保温板时，要用专用的刀具进行，严禁用手随意掰，确保裁割后边角整齐。

7.1.2 外墙保温系分格缝质量控制要点

分格缝应严格按外墙外保温施工验收规范施工，伸缩、变形缝两侧用窄幅玻纤网格布翻包，缝侧抹抗裂砂浆耐碱玻纤网格布，施工过程注意事项如下：

1 现场使用的分格缝密封材料要有合格证及生产厂家相关资质文件，使用前必须查验密封材料，包装未开封。

2 分格缝施工前应将缝内及周边清理干净，保温板无碎块、浮尘，无残留砂浆等杂物。

3 分格缝施工应在外饰涂料施工前进行，如因特殊情况在外饰涂料施工后进行分格缝施工时，应在缝两侧粘贴不粘胶带保护相邻处的涂饰面。

4 缝内填塞发泡聚乙烯圆棒（条）作背衬，直径或宽度为缝宽的1.3倍，分两次嵌填建筑密封膏，密封膏应塞满缝内，与两侧抗裂砂浆紧密粘结。

7.1.3 对保温层局部破损修补的质量控制要点

在外墙外保温施工时，如遇外墙预留脚手眼或因工序穿插、操作不当等致使外保温系统局部出现破损，在修补时应按如下质量控制程序进行修补：

1　用锋利的刀具剜除破损处，剜除面积略大于破损面积，形状大致一样。注意防止损坏周围的抗裂砂浆、网格布和聚苯板。清除干净残余的粘结砂浆和保温板碎粒。

2　切割一块规格、形状完全相同的保温板，在背面涂抹厚度适当的粘结砂浆，塞入破损部位与基层墙体粘牢，表面应与周围保温板齐平。

3　把破损部位四周约100mm宽度范围内的涂料面层及抗裂砂浆磨掉、清理干净。不得破坏网格布，不得损坏底层抗裂砂浆。若切断了网格布，打磨面积应向外扩展。如底层抗裂砂浆破碎，应抠出碎块。

4　应在修补部位的周边贴不干胶纸带，以防造成污染。

5　用抗裂砂浆补齐破损部位的底层抗裂砂浆，用湿毛刷清理不整齐的边缘。对没有无新抹砂浆的修补部位作界面处理。剪一块面积略小于修补部位的网格布（玻纤方向横平竖直），绷紧后紧密贴到修补部位上，确保与原网格布的搭接宽度不小于100mm。

6　从修补部位中心向四周抹面层抗裂砂浆，与周围面层顺平。防止网格布移位、皱褶。用湿毛刷修整周边不规则处。抗裂砂浆干燥后，在修补部位做外饰面，其纹路、色泽尽量与周围饰面一致。外饰面干燥后，撕去不干胶纸带。

7.1.4　节点部位保温层防渗水的质量控制要点

1　女儿墙部位：将女儿墙从大面墙体到女儿墙压顶的保温系统连贯，用网格布全覆盖，不留缝隙，面层砂浆抹完后涂刷防水涂料；

2　空调板部位：应在保温层施工前针对空调板与墙面连接部位（即空调板根部），进行防水处理，通常情况下涂刷防水涂料即可；该工作完成后经验收合格再进行保温板粘贴，网格布延伸到墙面部分应至少保证100mm，确保保温系统形成一个整体；

3　窗侧部位：施工时应注意保温系统与窗户专业配合，该部位保温施工前应督促窗户专业使用发泡聚氨酯材料或岩棉等材料将窗侧面与窗副框之间的空隙填塞密实，并打胶密封；保温面层用专用抗裂砂浆找平收口，留出5%～10%的流水坡度，保温厚度做至面层不得高于窗框排水孔的位置，不得堵塞排水孔；保温做完后及时用中性硅酮密封胶密封保温层与窗户之间的缝隙；

4　穿墙螺杆洞口部位：做保温之前使用相同的保温材料进行填塞密实，表面做防水处理后进行保温层施工，外墙内侧在进行装修施工时亦应进行孔洞填塞和防水处理，防止引起渗水；

5　合理安排进度计划，尽量避免雨天施工。雨天应停止施工，对于施工过程中的部位应采取适当的保护措施，可以采用彩条布进行遮挡等。

7.1.5　防止保温面层及外饰面层开裂的质量控制

1　保温板安装后应等到粘结砂浆干燥硬化后进行面层施工，避免因粘结砂浆水分蒸发造成体积收缩，影响面层稳定。安装保温板应符合相关质量要求，严格现场检验，对平整度、垂直度超标部位进行修正，包括对板面打磨，以免因保温板平整度、垂直度超差造成面层抹灰厚度不均，局部抹灰厚度过大导致面层开裂。

2　面层抹灰厚度不宜太厚，严格按抹灰厚度的进行施工，一般为3～5mm；在铺压网格布环节，要按照要求操作，杜绝干铺，铺压时尽量靠近抗裂砂浆外侧，以能看到网格布痕迹但不外露为准，网格布搭接要到位，严禁不搭接或搭接宽度不够（不得小于100mm），细部节点处理一定要正确合理、细致到位，做到保温系统整体性良好，不出现由于局部缺陷影响外墙大面保温体系施工质量引起的面层质量隐患。

3　面层施工完毕后，在正常情况下自然养护5～7d，防止阳光暴晒和风吹，以免影响砂浆初期强度，引起开裂；等到抗裂砂浆层完全固化干燥，强度指标达到规定标准以上时，保温面层验收合格方可进行饰面层施工。

4　采用信誉和质量较高的抗裂砂浆品牌，抗裂砂浆材料应具备较高的弹性，较低的吸水性，同一工程使用同一品牌材料，严禁不同品牌材料在现场混用。

7.2　应注意的安全问题

施工现场由专职安全员负责安全管理，制定并落实岗位安全生产责任制度，签订安全协议。工人上岗前必须进行安全技术培训，施工机械、吊篮等操作培训，培训、考核合格后才能上岗操作。

7.2.1　进场进行安全三级教育，并进行考核，确保安全意识深入人心。

7.2.2　所有进入现场的人员要正确佩戴安全帽，高空作业应正确系好安全带，不许从高空抛物，严格遵守有关的安全操作规程，做到安全生产和文明施工。

7.2.3　架子搭设完毕要进行验收，验收合格后办理交接手续方可使用。

7.2.4　脚手板铺满并搭牢，严禁探头板出现。

7.2.5　在脚手架或操作台上堆放保温板时，应按规定码放平稳，防止脱落。操作工具要随手放入工具袋内，严禁放在脚手架或操作台上，严禁上下抛掷。

7.2.6　五级以上（含五级）大风、大雾、大雨天气停止外保温施工作业。在雨期要经常检查脚手板、斜道板、跳板上有无积水等，若有则应清扫，并要采取防滑措施。

7.2.7　安全用电注意事项：

1　定期和不定期对临时用电的接地、设备绝缘和漏电保护开关进行检测、维修、发现隐患及时消除。

2　施工现场的供电系统实施三级配电两级保护。

3　电气设备装置的安装、防护、使用、维修必须符合《施工现场临时用电安全技术规范》JGJ 46—2005 的要求。

4　电气作业时必须穿绝缘鞋，戴绝缘手套，酒后不准操作。

5　室内照明灯具距地面不得低于 2.4m。每路照明支线上灯具和插座数不宜超过 25 个，额定电流不得大于 15A，并用熔断器保护。

6　施工现场和生活区域严禁私拉乱接电线，一经发现严肃处理。

7　施工人员在使用电动工具时，必须严格执行现场临时用电协议。

8　每天施工完毕要将配电箱遮盖好，切断各部分电源，将操作面杂物清除干净，以防止出现安全隐患。

9　闸箱上锁，钥匙由专人保管。

10　设备出现故障立即停止使用，通知维修人员解决。

11　遵守施工现场安全制度。

7.3　应注意的绿色施工问题

7.3.1　板材运输、装卸应轻抬轻放，堆放场地应坚实、平整、干燥，注意防火。

7.3.2　各种材料分类存放并挂牌标明材料名称，切勿用错，粉料存于干燥处，严禁受潮。

7.3.3　粘贴保温板和玻纤布时，板面上及掉在地上的胶粘剂要及时清理干净。

7.3.4 运输聚合物砂浆、粘接砂浆、保温板材料要进行扬尘控制，对运输车辆进行检查，杜绝由于车辆原因引起的遗撒，严禁超载，对车厢进行蒙盖。对于意外原因所产生的遗撒及时进行处理。

7.3.5 出入口设置车辆清洗装置，并设置沉淀池，对进出运输材料的车辆设专人检查，对携带污染物的车轮进行冲洗，并及时清理路面污染物。

7.3.6 墙面清理、补平工作完毕后，将粘在墙面的灰浆及落地灰及时清理干净。

7.3.7 配制胶粘剂及抗裂砂浆的电动搅拌器在封闭区域内使用，并使噪声达到环保要求。

7.3.8 做到先封闭周圈，然后在内部进行修平工程施工，将施工噪声控制在施工场界内，避免噪声扰民。

7.3.9 现场设置废弃物临时置放点，并在临时存放场地配备有标识的废弃物容器，设专人负责对废弃的砂浆、保温板的边角料等进行收集、处理。

7.3.10 坚持文明施工，随时清理建筑垃圾，确保场内道路畅通，现场施工的废水、淤泥及时组织排放和外运。每天下班应将材料、工具清理好，使施工现场卫生保持干净、整洁。

8　质量记录

8.0.1 设计文件、图纸会审、设计变更和洽商。

8.0.2 主要材料、设备和构件的质量证明文件、进场检验记录、进场核查记录、进场复验报告、见证试验报告。

8.0.3 隐蔽工程验收记录和相关图像资料。

8.0.4 检验批质量验收记录。

8.0.5 分项工程质量验收记录。

8.0.6 建筑围护结构节能构造现场实体检验记录。

8.0.7 其他对工程质量有影响的重要技术资料。

8.0.8 施工记录。

8.0.9 工程安全、节能和保温功能核验资料。

8.0.10 质量问题处理记录。

第4章　胶粉EPS颗粒保温浆料墙体保温料墙体保温

本工艺标准分为胶粉EPS颗粒保温浆料墙体保温体系，其适用于多层及高层工业与民用建筑的钢筋混凝土、加气混凝土、砌块、烧结砖和非烧结砖等的并以涂料作为外饰面的外墙保温工程。

1　引用标准

《建筑节能工程施工质量验收规范》GB 50411—2007

《建筑装饰装修工程质量验收标准》GB 50210—2018

《胶粉聚苯颗粒外墙外保温系统》JG 158—2004

《建筑构造通用图集》88J 2—9

2　术语（略）

3　施工准备

3.1　作业条件

3.1.1　基层墙体清理干净，墙体应符合《混凝土结构工程施工质量验收规范》GB 50204—2015和《砌体工程施工质量验收规范》GB 50203—2011及相关墙体质量验收规范规定。如基层墙体偏差过大，则应进行基层找平。

3.1.2　外墙面突出构件安装完毕，并考虑保温系统厚度的影响。

3.1.3　外窗副框安装完毕并验收合格。

3.1.4　主体结构的变形缝应提前施工完毕。

3.1.5　施工时气温应大于5℃，风力不大于5级。雨天不得施工，应采取防护措施。

3.2　材料及机具

3.2.1　材料

1　胶粉聚苯颗粒浆料、抗裂砂浆、耐碱玻纤网格布、饰面涂饰材料均应符合《胶粉聚苯颗粒外墙外保温系统材料》JG/T 158—2013中的规定。

2　界面处理剂应符合相关的规定。

3.2.2　机具

1　机械设备：电动吊篮或专用保温施工脚手架、浆料搅拌机、垂直运输机械、水平运输手推车等。

2　常用施工工具：铁抹子、阳角抹子、阴角抹子、电动搅拌器、壁纸刀、电动螺丝刀、墨斗、棕刷或滚筒、粗砂纸、塑料搅拌桶、冲击钻、压子、拖线板和钢丝刷等。

3　常用检测工具：经纬仪及放线工具、2m靠尺、杠尺、方尺、水平尺、小锤、探针和钢尺等。

4　操作工艺

4.1　工艺流程

基层处理、准备材料 → 吊垂直、套方、弹控制线 → 贴饼、充筋 →

配置胶粉聚苯颗粒砂浆 → 分层抹胶粉聚苯颗粒浆料 → 做滴水线 → 隐蔽验收 →

抹底层抗裂砂浆 → 铺设耐碱玻纤网格布 → 抹面层抗裂砂浆 → 保温层验收 →

刮柔性耐水腻子 → 刷封闭底漆 → 刷面漆 → 外饰面验收

4.2　基层处理

将基层墙面应清理干净，无油渍、浮灰等。墙面松动、风化部分应剔除干净。

基层为混凝土墙面时应用界面砂浆处理（基层为砖墙、加气混凝土墙体毛面时可不作处理），界面砂浆可用喷涂或滚刷。砂浆应均匀一致，界面处理无遗漏。

4.3　吊垂直、弹控制线

根据建筑立面设计和外墙外保温的技术要求，吊垂直、套方找规矩。若建筑物为多层，应采用特制的大线坠从顶层往下吊垂直，用铁丝绷紧，在大角、门窗洞两侧等处分层做控制点；若为高层时，应在大角、门窗洞口等垂直方向用经纬仪打垂线，按线分层用保温板做控制点找规矩，横竖方向应达到平整一致。在墙面弹出外门窗水平、垂直控制线、伸缩缝线及装饰缝线。

4.4　冲筋

按已复核并校正的垂直和水平控制线用相应厚度的保温板做垂直、水平方向的基准点。水平方向基准点设置在从顶部向下200mm处、室外地面向上200mm处，垂直方向基准点应距墙面阴阳角100mm为宜。根据垂直及水平方向基准点拉通线做墙面控制点，点与点之间的距离应控制在1.5m左右，方便施工。

每层控制点施工完成后用5m小线拉线检查。

4.5　配制胶粉EPS颗粒浆料

胶粉颗粒浆料配制应集中搅拌，专人负责。配合比严格按厂家说明书配制。用搅拌机充分搅拌均匀，一次配制量以4h内用完为宜；配好的浆料应注意防晒避风，超过规定时间的浆料禁止使用。

4.6　抹胶粉EPS颗粒砂浆保温层

4.6.1　界面砂浆基本干燥后方可进行下道工序。

4.6.2　颗粒保温砂浆应分层作业，每次抹灰厚度宜控制在20mm左右，每层施工间隔时间应不低于24h。保温砂浆抹灰应从上至下，从左至右作业。

4.6.3　面层保温砂浆抹灰要与控制点（冲筋）平齐，抹完一段墙面后用大杠尺搓抹，去高补低；修补抹灰应在面层抹灰2～3h后进行，修补前应用杠尺检查墙面垂直度、平整度，墙面偏差控制在±3mm内。最后用铁抹子分遍赶抹，托线尺检测，施工质量应符合保温层验收标准后方可进行下道工序施工。

4.6.4　保温砂浆应在抹灰施工间歇处断开，如伸缩缝、阴阳角、挑台等部位。

4.6.5　门窗洞口施工时应先抹门窗洞口侧口、窗台和窗上口，再抹墙面。滴水线在檐口、窗台、雨篷、阳台、压顶和突出墙面等部位，上面应做流水坡度，下面应做滴水线。流水坡度、滴水线应保证其坡向正确。门窗洞口的抹灰做口应贴尺施工，保证门窗口处方正。

4.7　抹聚合物抗裂砂浆，铺压耐碱玻纤网布

4.7.1　抹底层聚合物抗裂砂浆

1　隐蔽项目检查验收后，用聚合物抗裂砂浆进行底层抹灰。

2　配制聚合物抗裂砂浆：将砂浆干粉与水按4∶1质量比配制，用电动搅拌器搅拌3min，静置5min后再次搅拌均匀即可使用，一次配制量以2h内用完为宜；配好的砂浆应注意防晒避风，超过规定时间不准使用。配置聚合物的抗裂砂浆用集中搅拌，专人负责。

3 将搅拌好的聚合物抗裂浆均匀地抹在颗粒浆料表面，厚度为 2～3mm，在门窗洞口拐角等处应沿 45°方向增铺一道网格布。网格布宽约 200mm，长约 400mm（详见图 4-1）。

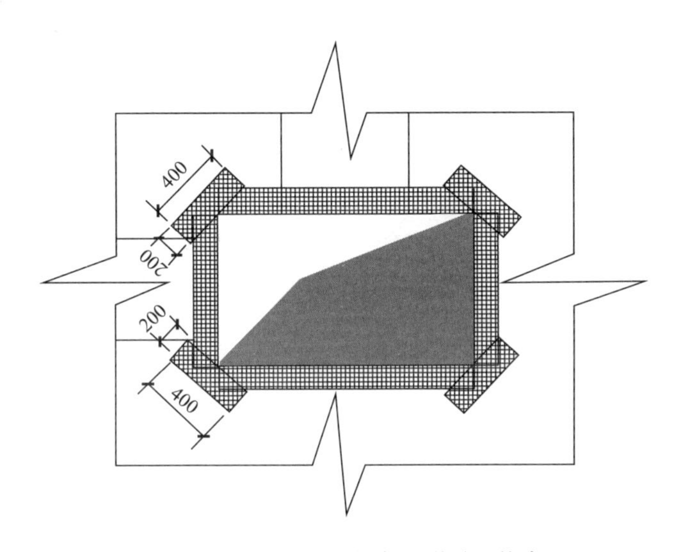

图 4-1 门、窗洞口拐角处增设网格布

4.7.2 铺压耐碱玻纤网格布

耐碱玻纤网格布长度应不大于 6m，先裁剪，铺设应从左至右、从上到下进行。然后将玻纤网格布绷紧后铺贴，用抹子由中间向四周压入砂浆的表层，平整压实，严禁网格布皱褶。网格布不得压入过深，表面应暴露在底层砂浆之外。铺贴有搭接时，搭接长度应满足横向不小于 100mm、纵向不小于 80mm 的要求，严禁干铺。

4.7.3 抹面层聚合物抗裂砂浆

1 底层抗裂砂浆凝结前应抹一道面层抗裂砂浆，厚度为 1～2mm，以覆盖网格布微见网格布轮廓为宜。面层砂浆切忌不停揉搓，避免形成空鼓。

2 抗裂砂浆应在抹灰间歇处断开，方便后续搭接，如伸缩缝、阴阳角、挑台等部位。连续墙面上如需停顿，面层抗裂砂浆不应完全覆盖已铺好的网格布(网格布甩茬不应小于搭接长度规定的尺寸)，网格布与底层砂浆应留台阶形坡槎，留槎间距不小于 150mm，避免网格布搭接处平整度超出偏差。

3　首层墙面应铺贴双层耐碱玻纤网格布：第一层铺贴网格布，网格布与网格布之间应采用搭接方法，严禁网格布在阴阳角处对接，搭接部位距离阴阳角不小于 200mm，然后进行第二层网格布铺贴（宜采用加强型玻纤网格布），铺贴方法同前施工方法，两层网格布之间抗裂砂浆应饱满，严禁干铺。

4　建筑物首层外保温应在四周大阳角处双层网格布之间加设专用金属护角（高度 2m）。在第一层网格布铺贴完成后，安装金属护角，并用抹子在护角孔处拍压出抗裂砂浆，再抹第二遍抗裂砂浆铺设加强型玻纤网格布包裹住护角，保证护角安装牢固。

4.8　涂料施工

4.8.1　基层处理

1　抗裂砂浆表面修整后，应让其充分干燥，含水率≤10%，pH≤8，在气温不低于 5℃，相对湿度≤85%的条件下方可施工。

2　基层要求牢固、坚实、干燥、平整、清洁、无浮尘、无油迹。

3　做好成品（如门窗等相关设施）的防污保洁工作；造成污染应及时清理，做到落手清。

4.8.2　批刮柔性耐水腻子

1　刮柔性耐水腻子分两遍完成，第一遍满刮耐水腻子并修补找平局部坑洼部位，单遍厚度不超过 1.5mm。

2　第二遍用刮板满刮墙面，直至平整。

3　腻子表面干燥后用砂纸打磨，使其表面平整、光洁、细腻。

4.8.3　涂刷封闭底漆

在腻子层干燥后即可涂刷封闭底漆，涂刷工具采用优质短毛滚筒。均匀的涂刷一遍封闭底漆，直至完全封闭基层，不得漏涂，与下一工序间隔时间≥24h（25℃）。

4.8.4　涂刷面漆

采用外墙面漆均匀涂刷两遍，使其完全遮盖基层，色彩一致。刷面漆前墙面用胶带做好分格处理。滚刷面漆时应用力均匀，让其紧密贴附于墙面，按涂刷要求涂刷面漆，两遍成活。

4.8.5　干燥时间

涂层表干 30min（25℃），实干 24h（25℃），重涂应于实干后进行。分格缝胶带揭除并清理干净。

4.8.6　面层验收。

4.9　节点大样做法（见图4-2）

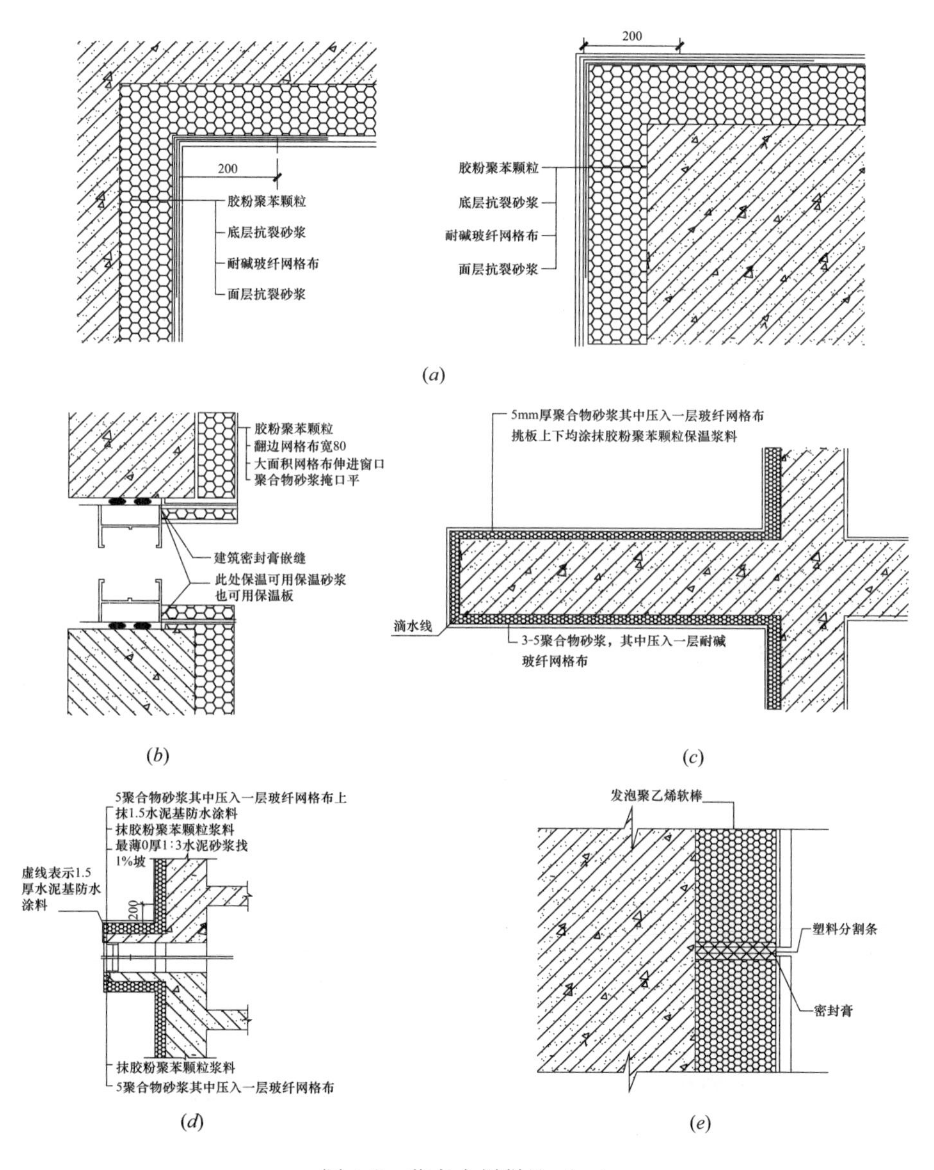

图4-2　节点大样做法（一）

(*a*) 阴阳角做法；(*b*) 窗上、下口做法；(*c*) 空调板做法；(*d*) 凸窗做法；(*e*) 分隔缝做法

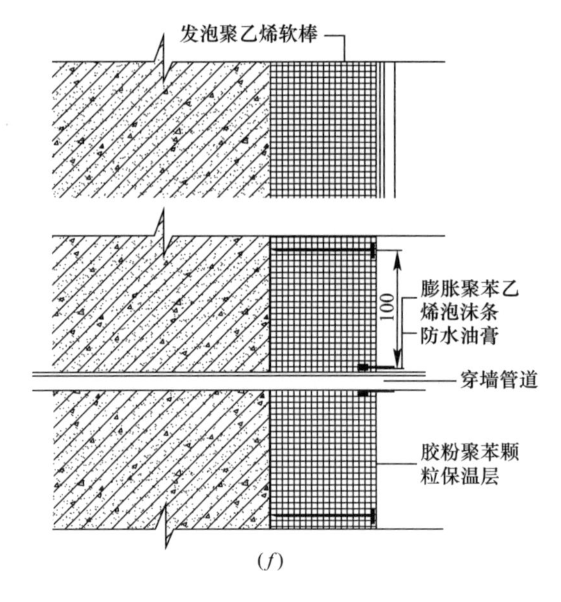

图 4-2　节点大样做法（二）
（f）穿墙管洞侧做法

5　质量标准

5.1　外墙保温质量标准

5.1.1　主控项目

1　所用材料品种、规格、性能应符合设计和相关标准的规定。

2　保温层厚度及构造做法应符合建筑节能设计标准，并应按照审批的施工方案施工。

3　保温层与墙体以及各构造层之间必须粘接牢固，无脱层、空鼓、裂缝，面层无粉化、起皮、爆灰等现象。

4　施工中应制作同条件养护试件，检测其传热系数、干密度和压缩强度。保温浆料的同条件养护试件应见证取样并送检。

5.1.2　一般项目

1　表面平整、洁净，接槎平整，无明显抹纹，线角，分格条顺直、清晰。

2　墙面所有门窗口、孔洞、槽、盒位置和尺寸正确，表面整齐洁净，管道背后应抹灰平整。

3　分格条（缝）宽度、深度均匀一致，条（缝）平整光滑，棱角整齐，横平竖直，通顺。滴水线（槽）流水坡向正确，线槽顺直。

5.1.3　保温层允许偏差

胶粉颗粒保温允许偏差及检验方法见表 4-1。

胶粉颗粒保温允许偏差及检验方法　　**表 4-1**

项次	项目	允许偏差（mm）		检查方法
		保温层	抗裂层	
1	立面垂直	4	4	用 2m 托线板检查
2	表面平整	4	4	用 2m 靠尺及塞尺检查
3	阴阳角垂直	4	4	用 2m 托线板检查
4	阴阳角方正	4	4	用 20cm 方尺和塞尺检查
5	分格条（缝）平直	3		拉 5m 小线和尺量检查
6	立面总高度垂直度	H/1000 且不大于 20		用经线仪、吊线检查
7	上下窗口左右偏移	不大于 20		用经纬仪、吊线检查
8	同层窗口上、下偏移	不大于 20		用经纬仪、吊线检查
9	保温层厚度	不允许有负偏差		用探针、钢尺检查

5.2　外墙涂料质量标准

涂层完全干燥后方可进行涂料工程的验收。检查数量按面积的 10%抽查，验收时应检所用材料的品种、颜色是否符合设计要求，涂料表面的质量应符合表 4-2 的规定。

溶剂型外墙涂料涂饰工程质量要求　　**表 4-2**

项次	项目	普通涂饰	中级涂饰	高级涂饰	检验方法
1	漏涂、透底	不允许	不允许	不允许	目测
2	咬色、流坠、起皮	明显处不允许	明显处不允许	不允许	
3	光泽	—	光泽较均匀	光泽均匀一致	
4	分色、裹棱	明显处不允许	明显处不允许	不允许	
5	开裂	不允许	不允许	不允许	
6	针孔、砂眼	—	允许少量	不允许	
7	装饰线、分色线平直	偏差不大于 5mm	偏差不大于 3mm	偏差不大于 1mm	拉 5m 线检查，不足 5m 拉通线检查
8	颜色、刷纹	颜色一致	颜色一致	颜色一致、无刷纹	目测
9	五金、玻璃等	洁净	洁净	洁净	

6　成品保护

6.0.1　施工中各专业工种应紧密配合，合理安排工序，严禁颠倒工序作业。少数工种（水、电、通风、设备安装等）的工作应提前作业。

6.0.2　抹完聚合物水泥砂浆的保温墙体，不得随意开槽孔洞，如需要开槽孔洞，应在聚合物水泥砂浆达到设计强度后进行，安装物件后其周围应恢复原状。

6.0.3　各构造层在凝结前应防止水冲、撞击、振动。分格线、滴水线、门窗框、管道上残存的砂浆应及时清理干净。

6.0.4　翻拆架子应防止破坏已完工的墙面，门窗洞口、边、角应采取保护性措施。其他工种作业时不得污染或损坏墙面，严禁踩踏窗口，不得用重物撞击墙面。

6.0.5　胶粉 EPS 颗粒存放时应有防火、防潮和防水措施，转运时应注意保护。

7　注意事项

7.1　应注意的质量问题

7.1.1　保温浆料现场配料的质量控制

1　胶粉聚苯颗粒保温砂浆一般采用掺加多种添加剂改进的胶粉料与轻骨料（聚苯颗粒）在施工现场按照规定比例加水混合而成的稠状浆料；严格按照厂家要求控制胶粉料与加水量的比例以及搅拌时间，现场操作工人要经专业培训，设专人定岗负责配料与混合。保温浆料的和易性、可操作性以及保温成型后的强度应满足规范要求。

2　胶粉浆料必须随搅随用，搅拌均匀，配置的浆料必须在 4h 内用完。

7.1.2　保温浆料涂抹质量控制

1　保温浆料必须分层涂抹，首道保温浆料不应涂抹过厚，否则容易导致空鼓与附着力差；

2　保温砂浆严格按设计厚度涂抹，满足节能传热系数的要求；

3　最后一道保温浆料要一次成活在湿状态下压紧及收光，平整度与表面强度应满足规范规定；

4　阴阳角线、与外饰构件接口处、特殊部位等细活应做到位。

7.1.3　外墙保温系统的分格缝施工质量控制要点

分格缝应严格按外墙外保温施工验收规范施工，伸缩、变形缝两侧用窄幅玻纤网格布翻包，缝侧抹抗裂砂浆、铺贴耐碱玻纤网格布注意事项如下：

1　现场分格缝密封材料应有合格证及生产厂家的相关资质文件，使用前必须查验密封材料包装的密封性。

2　分格缝施工前应将缝内及周边清理干净，无保温板碎块、浮尘、抗裂砂浆等杂物。

3　分格缝施工应在外饰涂料施工前进行，如因特殊情况需在外饰涂料施工后进行变形缝施工时，应在缝侧两边粘贴不粘胶纸带保护相邻处的涂饰面。

4　缝内填塞发泡聚乙烯圆棒（条）作背衬，直径或宽度为缝宽的 1.3 倍，分两次嵌填建筑密封膏，密封膏应塞满缝内，与两侧抗裂砂浆紧密粘结。

7.1.4　外墙保温层局部破损部位修补的质量控制

在外墙外保温施工时，如遇外墙预留脚手眼或因工序穿插、操作不当等致使外保温系统局部出现破损，在修补时应按如下质量控制程序进行修补：

1　与墙体的连接拆除后，对连接点的孔洞应进行填补，用膨胀水泥砂浆压实、压平。

2　将孔洞四周面层抗裂砂浆剔除 100mm 并清理干净，使玻纤网格布外露 100mm。

3　用调制好的保温颗粒浆料分层涂抹破损、预留部位，每层间隔时间不得低于 24h，确保保温浆料与基层墙体粘牢，面层抹灰与周围颗粒保温表面应齐平。

4　修补部位四周应贴不干胶纸带杜绝施工污染。剪切一块面积略小于修补面的加强玻纤网格布，保证与原有玻纤网搭接至少 100mm 以上。

5　从修补部位中心向四周抹面层抗裂砂浆，做到与周围面层顺平。防止网格布移位、皱褶。用湿毛刷修整周边不规则处。抗裂砂浆干燥后，在修补部位做外饰面，其纹路、色泽尽量与周围饰面一致。外饰面干燥后，撕去不干胶纸带。

7.1.5　节点部位防止保温层渗水的质量控制要点

1　女儿墙部位：将女儿墙从大面墙体到女儿墙压顶的保温系统连贯，用网格布全覆盖，不留缝隙，面层砂浆抹完后涂刷防水涂料；

2　空调板部位：应在保温层施工前针对空调板与墙面连接部位（即空调板

根部），进行防水处理，通常情况下涂刷防水涂料即可；该工作完成后经验收合格再进行保温层涂抹工序，网格布延伸到墙面的宽度应至少100mm，确保保温系统形成一个整体；

3　窗侧部位：施工时应注意保温系统与窗户专业配合，该部位保温施工前应督促窗户专业使用相匹配的保温材料将窗侧面与窗副框之间的空隙填塞密实；保温面层用专用抗裂砂浆找平收口，留出5%～10%的流水坡度，保温层厚度做至面层且不得高于窗框排水孔的位置，不得堵塞排水孔，保温层做完后应及时用中性硅酮密封胶密封，保温层与窗户之间的缝隙；

4　穿墙螺杆洞口部位：做保温之前使用相同保温材料进行填塞密实，表面做防水处理后进行保温层施工；外墙内侧在进行装修施工时应填塞孔洞并做防水处理，防止渗水；

5　安排进度计划，尽量避免雨天施工，雨天应停止施工，对于施工过程中的部位应采取适当的保护措施，如用彩条布遮挡等。

7.2　应注意的安全问题

施工现场由专职安全员负责安全管理，制定并落实岗位安全生产责任制度，签订安全协议。工人上岗前必须进行安全技术培训，施工机械、吊篮等操作培训，考核合格后才能上岗操作。

7.2.1　进场进行安全三级教育，并进行考核，确保安全意识深入人心。

7.2.2　所有进入现场的人员要正确佩戴安全帽，高空作业应正确系好安全带，不许从高空抛物，严格遵守有关的安全操作规程，做到安全生产和文明施工。

7.2.3　架子搭设完毕要进行验收，验收合格后办理交接手续方可使用。

7.2.4　脚手板铺满并搭牢，严禁探头板出现。

7.2.5　在脚手架或操作台上堆放保温板时，应按规定码放平稳，防止脱落。操作工具要随手放入工具袋内，严禁放在脚手架或操作台上，严禁上下抛掷。

7.2.6　五级以上（含五级）大风、大雾、大雨天气停止外保温施工作业。在雨期要经常检查脚手板、斜道板、跳板上有无积水等，若有则应立即清扫，并要采取防滑措施。

7.2.7　安全用电注意事项

1　定期和不定期对临时用电的接地、设备绝缘和漏电保护开关进行检测、维修、发现隐患及时消除。

2 施工现场的供电系统实施三级配电两级保护。

3 电气设备装置的安装、防护、使用、维修必须符合《施工现场临时用电安全技术规范》JGJ 46—2005的要求。

4 电气作业时必须穿绝缘鞋，戴绝缘手套，酒后不准操作。

5 室内照明灯具距地面不得低于2.4m。每路照明支线上灯具和插座数不宜超过25个，额定电流不得大于15A，并用熔断器保护。

6 施工现场和生活区域严禁私拉乱接电线，一经发现严肃处理。

7 施工人员在使用电动工具时，必须严格执行现场临时用电协议。

8 每天施工完毕要将配电箱遮盖好，切断各部分电源，将操作面杂物清除干净，以防止出现安全隐患。

9 闸箱上锁，钥匙由专人保管。

10 设备出现故障立即停止使用，通知维修人员解决。

11 遵守施工现场安全制度。

7.3 应注意的绿色施工问题

7.3.1 板材运输、装卸应轻抬轻放，堆放场地应坚实、平整、干燥，注意防火。

7.3.2 各种材料分类存放并挂牌标明材料名称，切勿用错，粉料存于干燥处，严禁受潮。

7.3.3 粘贴保温板和玻纤布时，板面上及掉在地上的胶粘剂要及时清理干净。

7.3.4 运输聚合物砂浆、粘接砂浆、保温板材料要进行扬尘控制，对运输车辆进行检查，杜绝由于车辆原因引起的遗撒，严禁超载，对车厢进行蒙盖。对于意外原因所产生的遗撒及时进行处理。

7.3.5 出入口设置车辆清洗装置，并设置沉淀池，对进出运输材料的车辆设专人检查，对携带污染物的车轮进行冲洗，并及时清理路面污染物。

7.3.6 墙面清理、补平工作完毕后，将粘在墙面的灰浆及落地灰及时清理干净。

7.3.7 配制胶粘剂及抗裂砂浆的电动搅拌器在封闭区域内使用，并使噪声达到环保要求。

7.3.8 做到先封闭周圈，然后在内部进行修平工程施工，将施工噪声控制在施工场界内，避免噪声扰民。

7.3.9 现场设置废弃物临时置放点，并在临时存放场地配备有标识的废弃物容器，设专人负责对废弃的砂浆、保温板的边角料等进行收集、处理。

7.3.10 坚持文明施工，随时清理建筑垃圾，确保场内道路畅通，现场施工的废水、淤泥及时组织排放和外运。每天下班应将材料、工具清理好，使施工现场卫生保持干净、整洁。

8 质量记录

8.0.1 保温工程的施工图、设计说明、图纸会审、设计变更和洽商。

8.0.2 主要材料、设备和构件的质量证明文件、进场检验记录、进场核查记录、进场复验报告、见证试验报告。

8.0.3 隐蔽工程验收记录和相关图像资料。

8.0.4 施工记录。

8.0.5 检验批质量验收记录。

8.0.6 分项工程质量验收记录。

8.0.7 工程安全、节能和保温功能核验资料。

8.0.8 用于外墙保温施工的同条件养护试件主要性能检测报告。

8.0.9 建筑围护结构节能构造现场实体检验记录。

8.0.10 其他对工程质量有影响的重要技术资料。

8.0.11 质量问题处理记录。

第5章　玻化微珠保温砂浆墙体保温

本工艺标准适用于多层及高层工业与民用建筑的钢筋混凝土、加气混凝土砌块、烧结砖和非烧结砖等并以涂料作为外饰面的外墙保温工程。

1　引用标准

《建筑装饰装修工程质量验收标准》GB 50210—2018

《建筑节能工程施工质量验收规范》GB 50411—2007

《膨胀玻化微珠》JC/T 1042—2007

《玻化微珠保温砂浆应用技术规程》DBJ 04—250—2007

《膨胀玻化微珠保温砂浆墙体保温工程技术规程》DB21/T 2359—2014

《建筑构造通用图集》88J2—9

《建筑用界面处理剂应用技术规程》DBJ/T 29—133—2016

2　术语（略）

3　施工准备

3.1　作业条件

3.1.1　基层墙体清理干净，墙体应符合《混凝土结构工程施工质量验收规范》GB 50204—2015 和《砌体工程施工质量验收规范》GB 50203—2011 及相关墙体质量验收规范规定。如基层墙体偏差过大，则应进行基层找平。

3.1.2　基层表面应将浮灰、油污、隔离剂及墙面杂物清理干净，大于10mm 的凸出物应剔除铲平。

3.1.3　既有建筑应将墙体的爆皮、粉化、松动、裂缝、空鼓、旧涂层彻底清理，并修补缺陷、加固及找平。

3.1.4　外墙面上的门窗框、雨水管卡、预埋铁件、设备穿墙管道等应提前安装完毕，并预留外保温层的厚度，缝隙处应按规定嵌塞。

3.1.5　施工用吊篮或专用脚手架应搭设牢固，安全检验合格。横竖杆与墙面、墙角的间距应满足施工要求。

3.1.6　当施工环境温度低于5℃时，现场应采取冬期施工措施。夏季应避免阳光暴晒。严禁雨天、雪天和五级风及其以上时施工。

3.1.7　玻化微珠保温砂浆及系统的施工，应编制施工组织设计或施工方案，经监理（建设）单位批准后实施。

3.2　材料及机具

3.2.1　材料

1　玻化微珠保温砂浆、抗裂砂浆、耐碱玻纤网格布、饰面涂饰等材料均应符合《玻化微珠保温砂浆应用技术规程》DBJ 04—250—2007。

2　界面处理剂应符合《建筑用界面处理剂应用技术规程》DBJ/T 29—133—2016的规定。

3.2.2　机具

1　机械设备：电动吊篮或专用保温施工脚手架、浆料搅拌机、垂直运输机械、水平运输手推车等。

2　常用施工工具：铁抹子、阳角抹子、阴角抹子、电动搅拌器、壁纸刀、电动螺丝刀、墨斗、棕刷或滚筒、粗砂纸、塑料搅拌桶、冲击钻、压子、拖线板和钢丝刷等。

3　常用检测工具：经纬仪及放线工具、2m靠尺、杠尺、方尺、水平尺、小锤、探针和钢尺等。

4　操作工艺

4.1　工艺流程

基层处理、准备材料 → 吊垂直、套方、弹控制线 → 贴饼、充筋 →

配置玻化微珠砂浆 → 分层抹玻化微珠砂浆 → 做滴水线 → 隐蔽验收 →

抹底层抗裂砂浆 → 铺设耐碱玻纤网格布 → 抹面层抗裂砂浆 → 保温层验收 →

刮柔性耐水腻子 → 刷封闭底漆 → 刷面漆 → 外饰面验收

4.2　基层处理

将基层墙面应清理干净，无油渍、浮灰等，墙面松动、风化部分应剔除干净。

基层为混凝土墙面时应用界面砂浆处理（基层为砖墙、加气混凝土砌块墙体毛面时可不作处理），界面砂浆可用喷涂或滚刷，砂浆应均匀一致，界面处理无遗漏。

4.3　吊垂直、弹控制线

根据建筑立面设计和外墙外保温的技术要求，吊垂直、套方找规矩。若建筑物为多层，应采用特制的大线坠从顶层往下吊垂直，用铁丝绷紧，在大角、门窗洞两侧等处分层做控制点；若为高层时，应在大角、门窗洞口等垂直方向用经纬仪打垂线，按线分层用保温板做控制点找规矩，横竖方向应达到平整一致。在墙面弹出外门窗水平、垂直控制线、伸缩缝线及装饰缝线。

4.4　冲筋

按已复核并校正的垂直和水平控制线用相应厚度的保温板做垂直、水平方向的基准点。水平方向基准点设置在从顶部向下200mm处、室外地面向上200mm处，垂直方向基准点应距墙面阴阳角100mm为宜。根据垂直及水平方向基准点拉通线做墙面控制点，点与点之间的距离应控制在1.5m左右，方便施工。

每层控制点施工完成后用5m小线拉线检查。

4.5　配制膨胀玻化微珠保温砂浆

膨胀玻化微珠保温砂浆是在工厂里将轻骨料与干粉改性剂混合的单组分干混砂浆，在现场只需按比例加水搅匀即可使用。抹灰厚度大于30mm时，可分次抹涂，第一次抹浆硬化后进行第二次抹浆，抹涂方法与普通砂浆相同；该材料应随搅随用，1h内用完。

4.6　抹膨胀玻化微珠保温砂浆保温层

4.6.1　界面砂浆基本干燥后方可进行下道工序。

4.6.2　保温砂浆应分层作业，每次抹灰厚度宜控制在20mm左右，每层施工间隔时间应不低于24h。保温砂浆抹灰应从上至下，从左至右作业。

4.6.3　面层保温砂浆抹灰要与控制点（冲筋）平齐，抹完一段墙面后用大杠尺搓抹，去高补低；修补抹灰应在面层抹灰2～3h后进行，修补前应用杠尺检查墙面垂直度、平整度，墙面偏差控制在±3mm。最后用铁抹子分遍赶抹，托线尺检测达到保温层验收标准后方可检修下道工序的施工。

4.6.4　保温砂浆应在抹灰施工间歇处断开，如伸缩缝、阴阳角、挑台等部位。在需断开的连续墙面上面层抗裂砂浆不应完全覆盖已铺好的网格布（网格布甩茬不应小于搭接长度规定的尺寸），网格布与底层砂浆应留台阶形坡槎，留槎间距不小于 150mm，避免网格布搭接处的平整度超出偏差。

4.6.5 门窗洞口施工时应先抹门窗洞口侧口、窗台和窗上口，再抹墙面。滴水线在檐口、窗台、雨篷、阳台、压顶和突出墙面等部位，上面应做流水坡度，下面应做滴水线。流水坡度、滴水线应保证其坡向正确。门窗洞口的抹灰做口应贴尺施工，保证门窗口处方正。

4.7 抹聚合物抗裂砂浆，铺压耐碱玻纤网布

4.7.1 抹底层聚合物抗裂砂浆

1 隐蔽项目检查验收后，用聚合物抗裂砂浆进行底层抹灰。

2 配制聚合物抗裂砂浆：将砂浆干粉与水按 4∶1 质量比配制，用电动搅拌器搅拌 3min，静置 5min 后再次搅拌均匀即可使用，一次配制量以 2h 内用完为宜；配好的砂浆应注意防晒避风，超过规定时间不准使用。配置聚合物的抗裂砂浆用集中搅拌，专人负责。

3 将搅拌好的聚合物抗裂浆均匀地抹在颗粒浆料表面，厚度为 2～3mm，在门窗洞口拐角等处应沿 45°方向增铺一道网格布。网格布宽约 200mm，长约 400mm（详见图 5-1）。

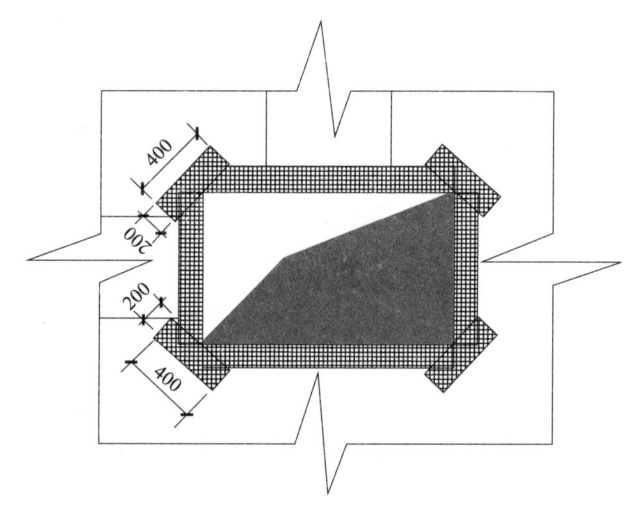

图 5-1　门、窗洞口拐角处增设网格布

4.7.2 铺压耐碱玻纤网格布

耐碱玻纤网格布长度一般不大于 6m，可先裁剪好，铺设应按照从左至右、

从上到下的顺序进行。底层抗裂砂浆抹灰后立即将玻纤网格布绷紧后贴上，用抹子由中间向四周把网格布压入砂浆的表层，要平整压实，严禁网格布皱褶。网格布不得压入过深，表面必须暴露在底层砂浆之外。铺贴遇有搭接时，必须满足横向 100mm、纵向 80mm 的搭接长度要求，严禁干铺。

4.7.3 抹面层聚合物抗裂砂浆

1 底层抗裂砂浆凝结前应抹一道面层抗裂砂浆，厚度为 1～2mm，以覆盖网格布微见网格布轮廓为宜。面层砂浆切忌不停揉搓，避免形成空鼓。

2 抗裂砂浆应在抹灰间歇处断开，方便后续搭接，如伸缩缝、阴阳角、挑台等部位。连续墙面上如需停顿，面层抗裂砂浆不应完全覆盖已铺好的网格布（网格布甩茬不应小于搭接长度规定的尺寸），网格布与底层砂浆应留台阶形坡槎，留槎间距不小于 150mm，避免网格布搭接处平整度超出偏差。

3 首层墙面应铺贴双层耐碱玻纤网格布：第一层铺贴网格布，网格布与网格布之间应采用搭接方法，严禁网格布在阴阳角处对接，搭接部位距离阴阳角不小于 200mm，然后进行第二层网格布铺贴（宜采用加强型玻纤网格布），铺贴方法同前施工方法，两层网格布之间抗裂砂浆应饱满，严禁干铺。

4 建筑物首层外保温应在四周大阳角处双层网格布之间加设专用金属护角（高度 2m）。在第一层网格布铺贴完成后，安装金属护角，并用抹子在护角孔处拍压出抗裂砂浆，再抹第二遍抗裂砂浆铺设加强型玻纤网格布包裹住护角，保证护角安装牢固。

4.8 涂料施工

4.8.1 基层处理

1 抗裂砂浆表面修整后，应让其充分干燥，含水率≤10%，pH≤8，在气温不低于 5℃，相对湿度≤85%的条件下方可施工。

2 基层要求牢固、坚实、干燥、平整、清洁、无浮尘、无油迹。

3 做好成品（如门窗等相关设施）的防污保洁工作；造成污染应及时清理，做到落手清。

4.8.2 批刮柔性耐水腻子

1 刮柔性耐水腻子分两遍完成，第一遍满刮耐水腻子并修补找平局部坑洼部位，单遍厚度不超过 1.5mm。

2 第二遍用刮板满刮墙面，直至平整。

3　腻子表面干燥后用砂纸打磨，使其表面平整、光洁、细腻。

4.8.3　涂刷封闭底漆

在腻子层干燥后即可涂刷封闭底漆，涂刷工具采用优质短毛滚筒。均匀的涂刷一遍封闭底漆，直至完全封闭基层，不得漏涂，与下一工序间隔时间≥24h（25℃）。

4.8.4　涂刷面漆

采用外墙面漆均匀涂刷两遍，使其完全遮盖基层，色彩一致。刷面漆前墙面用胶带做好分格处理。滚刷面漆时应用力均匀，让其紧密贴附于墙面，按涂刷要求涂刷面漆，两遍成活。

4.8.5　干燥时间

涂层表干 30min（25℃），实干 24h（25℃），重涂应于实干后进行。分格缝胶带揭除并清理干净。

4.8.6　面层验收。

4.9　节点大样做法（见图 5-2）

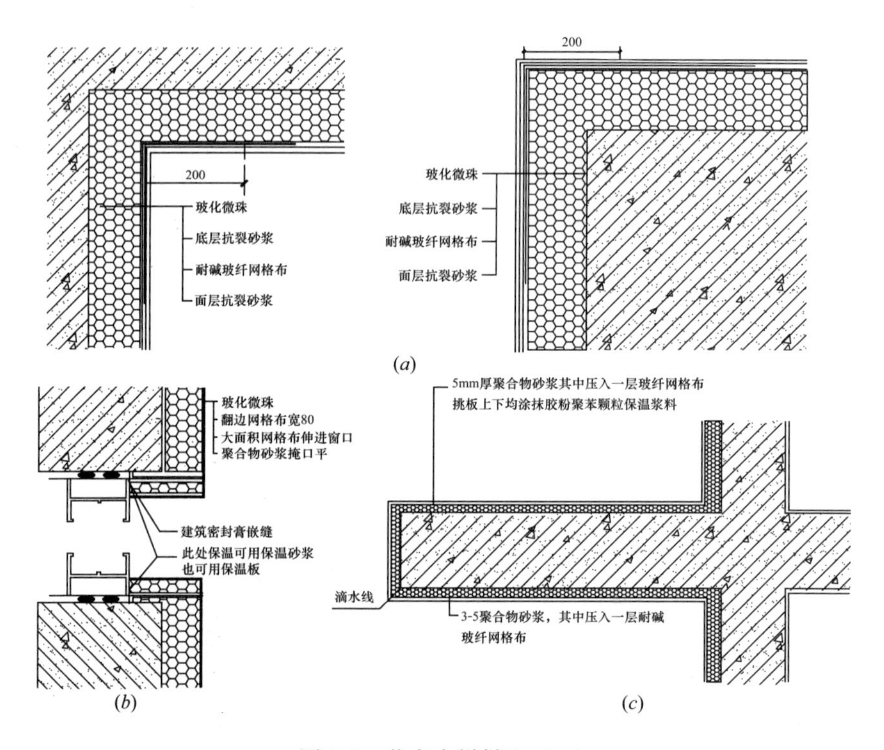

图 5-2　节点大样做法（一）

（a）阴阳角做法；（b）窗上、下口做法；（c）空调板做法

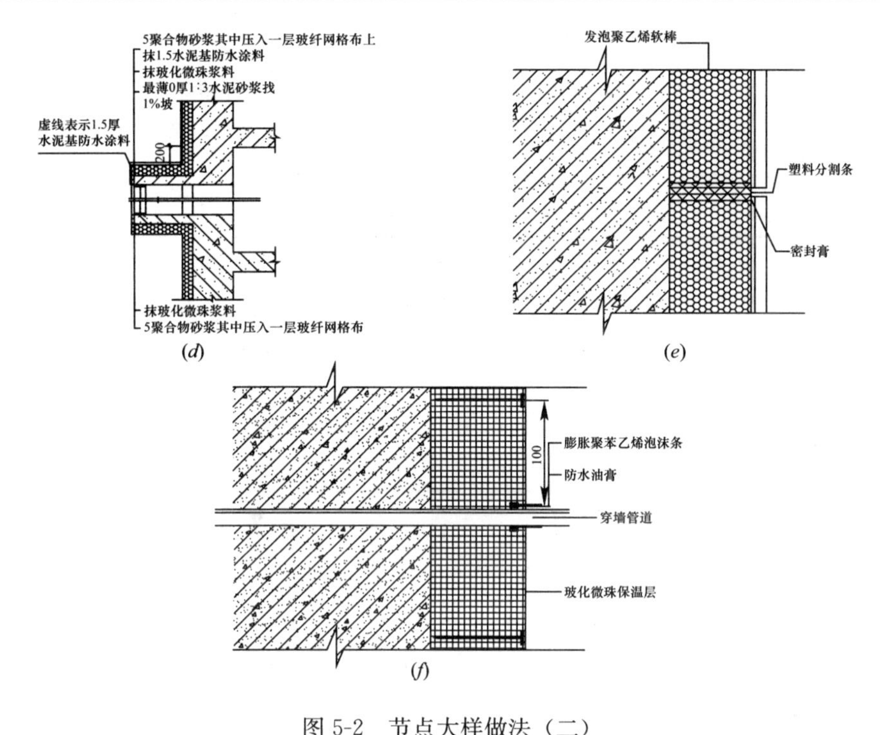

图 5-2　节点大样做法（二）

（*d*）凸窗做法；（*e*）分隔缝做法；（*f*）穿墙管洞侧做法

5　质量标准

5.1　主控项目

5.1.1　玻化微珠保温砂浆保温工程所用材料品种、性能和配合比应符合设计要求和相关标准的规定。

5.1.2　保温层厚度及保温系统的构造和细部做法应符合建筑节能设计。

5.1.3　保温层与基层以及各构造层之间必须粘结牢固，无脱层、空鼓及裂缝，面层无粉化、起皮、爆灰等现象。

5.2　一般项目

5.2.1　耐碱网布应铺压严实，不得有空鼓、褶皱、翘曲、外露等现象，搭接宽度不应小于 100mm。加强部位的耐碱网布做法应符合设计要求。

5.2.2　保温层表面应平整、洁净，接茬平整、光滑，线角顺直、清晰，毛面纹路均匀一致。

5.2.3　边角表面应光滑、平顺，门窗框与墙体间缝隙填塞密实，表面平整。

5.2.4　孔洞、槽、盒位置和尺寸正确，表面整齐、洁净，管道后面平整。

5.2.5　保温层和抹面层的允许偏差量及检验方法应符合表5-1的规定。

允许偏差及检验方法　　**表5-1**

项次	项目	允许偏差（mm）	检验方法
1	立面垂直	4	用2m垂直检测尺检查
2	表面平整	4	用2m靠尺和塞尺检查
3	阳角方正	4	用直角检测尺检查
4	分格线（装饰线）直线度	4	用5m线，不足5m拉通线，用钢直尺量检查
5	保温层厚度	$\pm 0.1\delta$	用钢针插入和尺量检查

说明：δ为设计厚度。

6　成品保护

6.0.1　分格线、门窗框、管道、槽盒上残存砂浆，应及时清理干净，严禁蹬踩窗台。

6.0.2　移动吊篮、翻拆架子时，在已抹好的墙面、门窗洞口、边、角、垛处应采取保护措施。

6.0.3　玻化微珠保温砂浆在凝结前应防止快干、水冲、撞击、振动和受冻。

6.0.4　严禁使用超过使用时间的拌合物。

6.0.5　各抹灰层硬化前禁止水冲浸泡、撞击和挤压。

6.0.6　施工人员应遵守安全规程。施工人员应经过培训上岗。

7　注意事项

7.1　应注意的质量问题

7.1.1　保温浆料现场配料的质量控制

1　玻化微珠保温砂浆一般采用掺加多种添加剂改进的胶粉料与轻骨料在施工现场按照规定比例加水混合而成的稠状浆料；严格按照厂家要求控制胶粉料与加水量的比例以及搅拌时间，现场操作工人要经专业培训，设专人定岗负责配料与混合。保温浆料的和易性、可操作性以及保温成型后的强度应满足规范要求。

2　浆料必须随搅随用，搅拌均匀，配置的浆料必须在4h内用完。

7.1.2　保温浆料涂抹质量控制

1　保温浆料必须分层涂抹，首道保温浆料不应涂抹过厚，否则容易导致空鼓与附着力差；

2　保温砂浆严格按设计厚度涂抹，满足节能传热系数的要求；

3　最后一道保温浆料要一次成活在湿状态下压紧及收光，平整度与表面强度应满足规范规定；

4　阴阳角线、与外饰构件接口处、特殊部位等细活应做到位。

7.1.3　外墙保温系统的分格缝施工质量控制要点

分格缝应严格按外墙外保温施工验收规范施工，伸缩、变形缝两侧用窄幅玻纤网格布翻包，缝侧抹抗裂砂浆、铺贴耐碱玻纤网格布注意事项如下：

1　现场分格缝密封材料应有合格证及生产厂家的相关资质文件，使用前必须查验密封材料包装的密封性。

2　分格缝施工前应将缝内及周边清理干净，无保温板碎块、浮尘、抗裂砂浆等杂物。

3　分格缝施工应在外饰涂料施工前进行，如因特殊情况需在外饰涂料施工后进行变形缝施工时，应在缝侧两边粘贴不粘胶纸带保护相邻处的涂饰面。

4　缝内填塞发泡聚乙烯圆棒（条）作背衬，直径或宽度为缝宽的1.3倍，分两次嵌填建筑密封膏，密封膏应塞满缝内，与两侧抗裂砂浆紧密粘结。

7.1.4　外墙保温层局部破损部位修补的质量控制

在外墙外保温施工时，如遇外墙预留脚手眼或因工序穿插、操作不当等致使外保温系统局部出现破损，在修补时应按如下质量控制程序进行修补：

1　与墙体的连接拆除后，对连接点的孔洞应进行填补，用膨胀水泥砂浆压实、压平。

2　将孔洞四周面层抗裂砂浆剔除100mm并清理干净，使玻纤网格布外露100mm。

3　用调制好的保温颗粒浆料分层涂抹破损、预留部位，每层间隔时间不得低于24h，确保保温浆料与基层墙体粘牢，面层抹灰与周围颗粒保温表面应齐平。

4　修补部位四周应贴不干胶纸带杜绝施工污染。剪切一块面积略小于修补面的加强玻纤网格布，保证与原有玻纤网搭接至少100mm以上。

5　从修补部位中心向四周抹面层抗裂砂浆，做到与周围面层顺平。防止网格布移位、皱褶。用湿毛刷修整周边不规则处。抗裂砂浆干燥后，在修补部位做外饰面，其纹路、色泽尽量与周围饰面一致。外饰面干燥后，撕去不干胶纸带。

7.1.5　节点部位防止保温层渗水的质量控制要点

1　女儿墙部位：将女儿墙从大面墙体到女儿墙压顶的保温系统连贯，用网格布全覆盖，不留缝隙，面层砂浆抹完后涂刷防水涂料；

2　空调板部位：应在保温层施工前针对空调板与墙面连接部位（即空调板根部），进行防水处理，通常情况下涂刷防水涂料即可；该工作完成后经验收合格再进行保温层涂抹工序，网格布延伸到墙面的宽度应至少100mm，确保保温系统形成一个整体；

3　窗侧部位：施工时应注意保温系统与窗户专业配合，该部位保温施工前应督促窗户专业使用相匹配的保温材料将窗侧面与窗副框之间的空隙填塞密实；保温面层用专用抗裂砂浆找平收口，留出5%～10%的流水坡度，保温层厚度做至面层且不得高于窗框排水孔的位置，不得堵塞排水孔，保温层做完后应及时用中性硅酮密封胶密封，保温层与窗户之间的缝隙；

4　穿墙螺杆洞口部位：做保温之前使用相同保温材料进行填塞密实，表面做防水处理后进行保温层施工；外墙内侧在进行装修施工时应填塞孔洞并做防水处理，防止渗水；

5　安排进度计划，尽量避免雨天施工，雨天应停止施工，对于施工过程中的部位应采取适当的保护措施，如用彩条布遮挡等。

7.2　应注意的安全问题

施工现场由专职安全员负责安全管理，制定并落实岗位安全生产责任制度，签订安全协议。工人上岗前必须进行安全技术培训，施工机械、吊篮等操作培训，考核合格后才能上岗操作。

7.2.1　进场进行安全三级教育，并进行考核，确保安全意识深入人心。

7.2.2　所有进入现场的人员要正确佩戴安全帽，高空作业应正确系好安全带，不许从高空抛物，严格遵守有关的安全操作规程，做到安全生产和文明施工。

7.2.3　架子搭设完毕要进行验收，验收合格后办理交接手续方可使用。

7.2.4　脚手板铺满并搭牢，严禁探头板出现。

7.2.5　在脚手架或操作台上堆放保温板时，应按规定码放平稳，防止脱落。操作工具要随手放入工具袋内，严禁放在脚手架或操作台上，严禁上下抛掷。

7.2.6 五级以上（含五级）大风、大雾、大雨天气停止外保温施工作业。在雨期要经常检查脚手板、斜道板、跳板上有无积水等，若有则应立即清扫，并要采取防滑措施。

7.2.7 安全用电注意事项

1 定期和不定期对临时用电的接地、设备绝缘和漏电保护开关进行检测、维修、发现隐患及时消除。

2 施工现场的供电系统实施三级配电两级保护。

3 电气设备装置的安装、防护、使用、维修必须符合《施工现场临时用电安全技术规范》JGJ 46—2005 的要求。

4 电气作业时必须穿绝缘鞋，戴绝缘手套，酒后不准操作。

5 室内照明灯具距地面不得低于 2.4m。每路照明支线上灯具和插座数不宜超过 25 个，额定电流不得大于 15A，并用熔断器保护。

6 施工现场和生活区域严禁私拉乱接电线，一经发现严肃处理。

7 施工人员在使用电动工具时，必须严格执行现场临时用电协议。

8 每天施工完毕要将配电箱遮盖好，切断各部分电源，将操作面杂物清除干净，以防止出现安全隐患。

9 闸箱上锁，钥匙由专人保管。

10 设备出现故障立即停止使用，通知维修人员解决。

11 遵守施工现场安全制度。

7.3 应注意的绿色施工问题

7.3.1 板材运输、装卸应轻抬轻放，堆放场地应坚实、平整、干燥，注意防火。

7.3.2 各种材料分类存放并挂牌标明材料名称，切勿用错，粉料存于干燥处，严禁受潮。

7.3.3 粘贴保温板和玻纤布时，板面上及掉在地上的胶粘剂要及时清理干净。

7.3.4 运输聚合物砂浆、粘接砂浆、保温板材料要进行扬尘控制，对运输车辆进行检查，杜绝由于车辆原因引起的遗撒，严禁超载，对车厢进行覆盖。对于意外原因所产生的遗撒及时进行处理。

7.3.5 出入口设置车辆清洗装置，并设置沉淀池，对进出运输材料的车辆设专人检查，对携带污染物的车轮进行冲洗，并及时清理路面污染物。

7.3.6　墙面清理、补平工作完毕后，将粘在墙面的灰浆及落地灰及时清理干净。

7.3.7　配制胶粘剂及抗裂砂浆的电动搅拌器在封闭区域内使用，并使噪声达到环保要求。

7.3.8　做到先封闭周圈，然后在内部进行修平工程施工，将施工噪声控制在施工场界内，避免噪声扰民。

7.3.9　现场设置废弃物临时置放点，并在临时存放场地配备有标识的废弃物容器，设专人负责对废弃的砂浆、保温板的边角料等进行收集、处理。

7.3.10　坚持文明施工，随时清理建筑垃圾，确保场内道路畅通，现场施工的废水、淤泥及时组织排放和外运。每天下班应将材料、工具清理好，使施工现场卫生保持干净、整洁。

8　质量记录

8.0.1　保温工程的施工图、设计说明、图纸会审、设计变更和洽商。

8.0.2　主要材料、设备和构件的质量证明文件、进场检验记录、进场核查记录、进场复验报告、见证试验报告。

8.0.3　隐蔽工程验收记录和相关图像资料。

8.0.4　施工记录。

8.0.5　检验批质量验收记录。

8.0.6　分项工程质量验收记录。

8.0.7　施工方案。

8.0.8　工程安全、节能和保温功能核验资料。

8.0.9　用于外墙保温施工的同条件养护试件主要性能检测报告。

8.0.10　建筑围护结构节能构造现场实体检验记录。

8.0.11　其他对工程质量有影响的重要技术资料。

8.0.12　质量问题处理记录。

第6章　现喷硬泡聚氨酯外墙保温

本工艺适用于不同气候地区、不同建筑节能标准的建筑，基层可为混凝土或砌体材料，节能标准和防火等级较高的外墙外保温工程，外饰面适宜做涂料饰面。

1　引用标准

《建筑节能工程施工验收规范》GB 50411—2007

《建筑装饰装修工程质量验收标准》GB 50210—2018

《民用建筑热工设计规范》GB 50176—2016

《聚氨酯硬泡外墙外保温技术规程》CECS 352：2015

《严寒和寒冷地区居住建筑节能设计标准》JGJ 26—2010

《硬泡聚氨酯板薄抹灰外墙外保温系统材料》JG/T 420—2013

《建筑用界面处理剂应用技术规程》DBJ/T 29—133—2016

《普通混凝土用砂、石质量及检验方法标准》JCJ 52—2006

《通用硅酸盐水泥》GB 175—2007

2　术语

2.0.1　无溶剂硬泡聚氨酯：由双组分聚氨酯通过高压无气喷涂聚氨酯泡沫塑料发泡机现场发泡成型硬化而成，不含氟利昂。

3　施工准备

3.1　材料及机具

3.1.1　材料

1　水泥：强度等级为42.5的普通硅酸盐水泥，应符合《通用硅酸盐水泥》GB 175—2007的规定。

2　中细砂：应符合《普通混凝土用砂、石质量及检验方法标准》JGJ 52—

2006的规定，细度模数1.9～2.6，含泥量低于3%，无杂质。

3 聚氨酯甲料、聚氨酯乙料、发泡剂应符合《硬泡聚氨酯板薄抹灰外墙外保温系统材料》JG/T 420—2013。

4 界面处理剂：界面处理剂应符合《建筑用界面处理剂应用技术规程》DBJ/T 01—40—98的规定。

3.1.2 机具

1 机械设备

电动吊篮或专用保温施工脚手架、手提式搅拌器、垂直运输机械、水平运输手推车、高压无气聚氨酯双组分现场发泡喷涂专用喷枪、浇注枪、料管等。

2 常用施工工具

常用抹灰工具及阴阳角模或窗口模具、水桶、剪子、滚刷、铁锹、手锤、錾子、壁纸刀、托线板、手锯、方尺、靠尺、塞尺、探针、钢尺等。

3 常用检测工具

经纬仪及放线工具、托线板、靠尺、塞尺、方尺、水平尺、探针、小锤和钢尺等。

3.2 作业条件

3.2.1 基层墙体应坚实平整，表面平整度不大于5mm，凸起、空鼓和疏松的部位应剔除后用水泥砂浆找平。

3.2.2 基层表面应清洁，无油污，蜡、脱模剂、涂料、风化物、污垢、霜、泥土等影响粘接的物质。

3.2.3 基层墙体应干燥，当存在潮湿或吸水型过高而影响粘结强度及施工的基层时，可涂刷界面剂或涂抹特种砂浆。

3.2.4 墙上各种进户管线、落水管支架、预埋管件等按设计安装完毕，并考虑保温层的厚度。外窗框宜在无溶剂硬泡聚氨酯保温材料喷涂完成后再进行安装。

3.2.5 喷涂无溶剂硬泡聚氨酯前，应对作业面以外部位遮挡，如门窗等。

3.2.6 喷涂无溶剂硬泡聚氨酯的环境温度不应低于10℃，风力不应大于5级，风速不宜大于5m/s；喷涂时，应有防风措施，严禁雨天施工，雨期施工应做好防雨措施。

3.2.7 聚氨酯甲料在贮存运输中应注意防晒，贮存温度应在30℃以下。

4　操作工艺

4.1　工艺流程

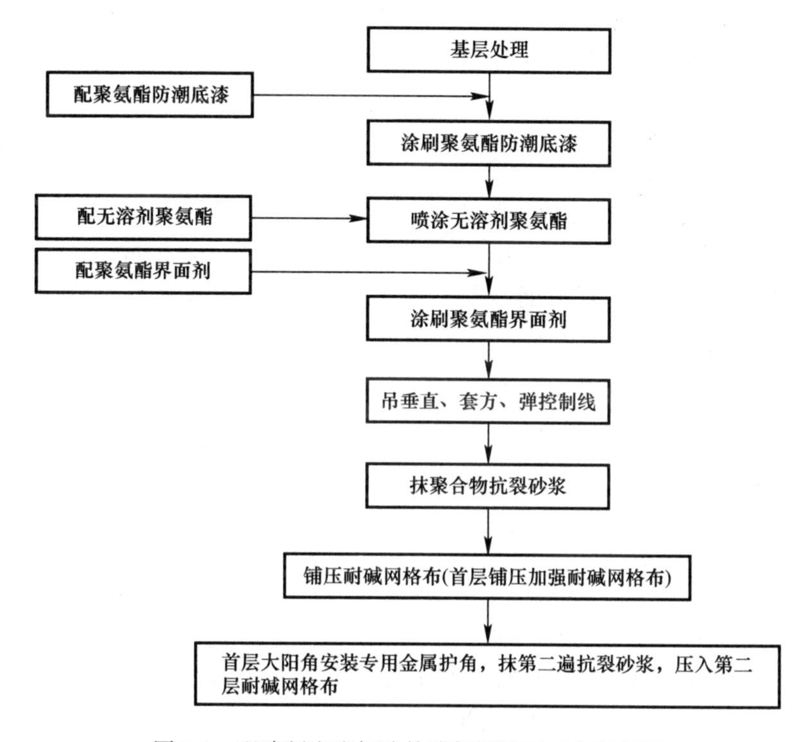

图 6-1　现喷硬泡聚氨酯外墙保温施工工艺流程图

4.2　基层处理

墙面应清理干净，施工孔洞、阳台板、墙板残缺处应用水泥砂浆修补整齐、清扫浮灰等；旧墙面松动、风化部分应剔除干净。不平整处用水泥砂浆找平，落地灰应及时清除。

4.3　聚氨酯施工

4.3.1　聚氨酯防潮底漆的配制：聚氨酯防潮底漆和稀释剂按 1∶0.6 的重量比搅拌均匀。对基层墙面应满涂聚氨酯防潮底漆，用滚刷将聚氨酯防潮底漆均匀涂刷，无漏刷、透底现象。

4.3.2　无溶剂硬泡聚氨酯的配制：聚氨酯甲料和聚氨酯乙料按 1∶1 体积比，采用高压无气喷涂机在不小于 10MPa 压力下混合喷出。

4.3.3　阳角、阴角处吊垂直厚度控制线：对于墙面宽度≥2m处，应加水平控制线，然后开启聚氨酯喷涂机，将无溶剂硬泡聚氨酯均匀地喷涂于墙面上；当厚度达到约10mm厚时，按500mm间距、梅花状分布插定厚度标杆，每平方米密度宜控制在4～5支；然后继续喷涂无溶剂硬泡聚氨酯，至标杆头被发泡材料覆盖为止；施工喷涂分多遍完成，每次喷涂厚度宜控制在10mm之内；对阳角阴角或窗口进行保温作业时，应由下向上支阴阳角模或窗口模，然后用无溶剂硬泡聚氨酯浇筑施工；窗口、阳台小阳角、小阴角等也可用铝合金尺遮挡做出直角。

4.3.4　无溶剂硬泡聚氨酯保温层喷涂20min后，用裁纸刀、手锯等工具开始清理、修整遮挡、保护部位以及超过垂线控制厚度的突出部分。无溶剂硬泡聚氨酯保温层喷涂4h之内做界面砂浆处理，界面砂浆可用滚子均匀地涂于无溶剂硬泡聚氨酯保温层上。

4.3.5　聚氨酯界面砂浆的配制：聚氨酯界面剂和水泥按1：0.5重量比，用砂浆搅拌机或手提搅拌器搅拌均匀，拌匀的界面砂浆应在2h内用完。一遍施工厚度要比前一遍施工厚度小，最后一遍厚度以10mm左右为宜，最后一遍操作时应达到冲筋厚度并用大杠搓平，找平层固化干燥后（以手掌按不动表面为宜，一般为3～7d）方可进行抗裂层施工。

4.3.6　抹底层聚合物抗裂砂浆

1　配制聚合物抗裂砂浆：将砂浆干粉与水按4：1重量比配制，用电动搅拌器搅拌3min，静置5min后均匀搅拌即可使用，一次配制量以2h内用完为宜；配好的料注意防晒避风，超过时间不准使用。配制聚合物拉裂砂浆应集中搅拌，专人负责。在找平层表面抹底层抗裂砂浆，厚度为2～3mm。

2　铺贴网格布：将网格布绷紧后贴于底层抗裂砂浆上，用抹子由中间向四周将网格布压入砂浆表层，要平整压实，严禁网格布皱褶。网格布不得压入过深，表面暴露在底层砂浆之外。单张网格布长度不宜大于6m。铺贴遇搭接时，搭接长度横向应不小于100mm、纵向应不小于80mm。

3　抹面层抗裂砂浆：底层抗裂砂浆凝结前应再抹一道抗裂砂浆罩面，厚度为1～2mm，以覆盖网格布，微见网格布轮廓为宜。面层砂浆切忌不停揉搓，避免形成空鼓。砂浆抹灰应在间歇处断开，方便后续的搭接，如伸缩缝、阴阳角、挑台等部位。连续墙面上如需停顿，面层砂浆不应完全覆盖已铺好的网格布，网格布与底层砂浆应留台阶形坡槎，留槎间距不小于150mm，避免网格布搭接处平整度超出偏差。

4　首层墙面应铺压双层耐碱玻纤网格布：第一层网格布铺压完毕抗裂砂浆初凝后即可进行第二层网格布铺压，铺压方法与第一层相同，两层网格布之间抗裂砂浆饱满度应达到 100%，严禁干铺。首层靠下阳角部位还应加设专用金属护角，护角高度为 2m，护角应放置在双层网格布之间，抹第二层网格布面层抗裂砂浆时将护角包裹住，确保护角安装牢固，必要时可用尼龙胀栓固定护角后再抹抗裂砂浆。

5　抗裂砂浆防护层在每层层间宜设水平分层缝，垂直分格缝的位置可按缝间面积 $30m^2$ 确定。

5　质量标准

5.1　主控项目

5.1.1　所用材料品种、质量、性能应符合设计要求和本规程规定（附有 CMA 标志的材料检测报告和出厂合格证）。

5.1.2　保温层厚度及构造做法应符合建筑节能设计，保温层厚度不允许有负偏差。

5.1.3　保温层与墙体以及各构造层之间必须粘接牢固，无脱层、空鼓及裂缝，面层无粉化、起皮、爆灰。

5.2　一般项目

5.2.1　表面平整、洁净，接槎平整、线角顺直、清晰，毛面纹路均匀一致。

5.2.2　墙面所有门窗口、孔洞、槽、盒位置和尺寸正确，表面整齐洁净，管道后面抹灰平整。

5.2.3　分格缝宽度、深度均匀一致，平整光滑，棱角整齐，横平竖直。滴水线（槽）流水坡向正确，线（槽）顺直。

5.2.4　聚氨酯防潮底漆涂刷均匀，无漏刷。

5.2.5　无溶剂硬泡聚氨酯保温层厚度、平整度应满足设计要求，粘结牢固，不得有起鼓翘边现象。

5.2.6　聚氨酯界面砂浆层要求涂刷均匀，不得有漏底现象。

5.2.7　水泥抗裂砂浆复合耐碱网格布层要求平整无皱褶、翘边。网格布不能有外露。

5.3 允许偏差（表6-1）

允许偏差和检验方法　　**表6-1**

项目	允许偏差（mm）	检验方法
立面垂直	4	用2m托线板检查
表面平查	4	用2m靠尺及塞尺检查
阴阳角垂直	4	用2m托线板检查
阴阳角方正	4	用2m靠尺及塞尺检查
分格条（缝）平直	3	拉Sm小线和尺量检查
立面总高度垂直度	$H/1000$ 且≤20	用经纬仪、吊线检查
聚氨酯保温层厚度	不允许有负偏差	用探针、钢尺检查

无溶剂硬泡聚氨酯喷涂保温层厚度检验方法如下：

1　取样方法：取1m^{2}为一组，每100m^{2}取五组。在墙面标出取样部位，取1m^{2}的正方形，在1m^{2}的范围内取5个点进行检测，取5个点读数的算术平均值作为该组聚氨酯保温层厚度值。

2　测试方法：将探针或钢板尺插入无溶剂硬泡聚氨酯保温层至基层。用钢尺检测探针探入深度，深度准确至0.5mm。

3　结果评定：以五组的算术平均值作为该墙面的无溶剂硬泡聚氨酯保温层厚度，该厚度值不小于设计厚度值时为合格；该厚度值小于设计厚度值时，应对局部不合格处进行补喷。补喷后应另抽五组测试，直至测试合格为止。

6　成品保护

6.0.1　分格线、滴水槽、门窗框、管道、槽盒上残存砂浆，应及时清理干净。

6.0.2　电动吊篮作业时，应防止破坏已完成的墙面，门窗洞口、边、角、垛宜采取保护性措施。其他工种作业时不得污染或损坏墙面，严禁踩踏窗口。

6.0.3　各构造层在凝结前应防止水冲、撞击、振动。

6.0.4　涂料墙面完工后要妥善保护，对门框在小推车的高度内，包裹铁皮，防止门框破坏，不得磕碰损坏。

6.0.5　应遵守有关安全操作规程。喷施人员应经过技术培训和安全教育方可上岗。电动吊篮、脚手架经安全检查验收合格后，方可上人施工；施工时应有防护工具、用具、材料坠落的措施。

6.0.6 对已完工的聚氨酯硬泡外墙外保温墙体，应防止重物撞击墙面。

6.0.7 对已完工的聚氨酯硬泡外墙外保温工程，不得随意开凿孔洞；如确实需要，应对孔洞或损坏处进行妥善修补。

7 注意事项

7.1 应注意的质量问题

7.1.1 外墙外保温可设伸缩缝、装饰缝、沉降缝以及温度缝。

7.1.2 留伸缩缝时，分格条应在抹灰工序前放入，缝内填塞发泡聚乙烯圆棒作背衬，直径或宽度为缝宽的1.3倍，再分两次勾填建筑密封膏，深度为缝宽的50%～70%。

7.1.3 沉降缝与温度缝根据缝宽和位置设置金属盖板，以射钉或螺丝紧固。

7.1.4 考虑首层与其他需加强部位的抗冲击要求，在标准外保温做法基础上加铺一层网格布，并再抹一道面层抗裂砂浆，以提高抗冲击强度。在这种双层网格布中，底层网格布可采用标准网格布，也可采用质量更大、强度更高的加强型网格布，以满足设计要求的抗冲击强度为原则。加强部位抹面砂浆总厚度宜为5～7mm。

7.1.5 先在保温层均匀布胶，然后铺填网布；两道布胶，一道铺网，同时薄抹灰的厚度控制在3～5mm范围内。

7.1.6 在施工中使用外脚手架时，必须在结构墙体内留有孔洞，脚手架拆除后，应立即用水泥砂浆填补孔洞，外边与墙体基面相平。

7.2 应注意的安全问题

7.2.1 施工现场需派专职安全员，负责施工现场的安全管理工作。制定并落实岗位安全责任制度，签订安全协议。工人上岗前必须进行安全技术培训，施工机械、吊篮等操作培训，考核合格后方可上岗操作。

7.2.2 进场进行安全三级教育，并进行考核，确保安全意识深入人心。

7.2.3 所有进厂人员要戴好安全帽、高空作业系好安全带，不许从高空往下扔东西，严格遵守有关的安全操作规程，做到安全生产和文明施工。

7.2.4 架子搭设完毕要组织验收，验收合格方可使用。

7.2.5 脚手板铺满并搭牢，严禁探头板出现。

7.2.6 电气设备的装置、安装、防护、使用、维修必须符合《施工现场临时用电安全技术规范》的要求。

7.2.7　电气作业时必须穿绝缘鞋，戴绝缘手套，酒后不准操作。

7.2.8　室内照明灯具距地面不得低于2.4m。每路照明支线上灯具和插座数不宜超过25个，额定电流不得大于15A，并用熔断器保护。

7.2.9　施工现场和生活区域严禁私拉乱接电线，一经发现严肃处理。

7.2.10　有施工人员在使用电动工具时，必须严格执行现场临时用电协议。

7.2.11　每天施工完毕要将配电箱遮盖好，切断各部分电源，将操作面杂物清除干净以防止出现安全隐患。

7.2.12　设备出现故障时立即停止使用，通知维修人员解决。

7.3　应注意的绿色施工问题

7.3.1　材料运输、装卸应轻抬轻放，堆放场地应坚实、平整、干燥，注意防火。

7.3.2　各种材料分类存放并挂牌标明材料名称，切勿用错，粉料存于干燥处，严禁受潮。

7.3.3　喷涂保温层和粘玻纤布时，板面上及掉在地上的胶粘剂要及时清理干净。

7.3.4　运输聚合物水泥砂浆、保温材料要进行扬尘控制，对运输车辆进行检查，杜绝由于车辆原因引起的遗撒，严禁超载，对车厢进行遮盖。对于意外原因所产生的遗撒及时进行处理。

7.3.5　配制胶粘剂及抗裂砂浆的电动搅拌器在封闭区域内使用，并使噪声达到环保要求，避免噪声扰民。

7.3.6　现场设置废弃物临时置放点，并在临时存放场地配备有标识的废弃物容器，设专人负责对废弃的砂浆、保温材料的边角料等进行收集、处理。

8　质量记录

8.0.1　设计文件、设计变更和洽商。

8.0.2　主要材料、设备和构件的质量证明文件、进场检验记录、进场核查记录、进场复验报告、见证试验报告。

8.0.3　隐蔽工程验收记录和相关图像资料。

8.0.4　检验批质量验收记录。

8.0.5　分项工程质量验收记录。

8.0.6　建筑围护结构节能构造现场实体检验记录。

8.0.7　其他对工程质量有影响的重要技术资料。

8.0.8　施工记录。

8.0.9　工程安全、节能和保温功能核验资料。

8.0.10　质量问题处理记录。

第7章　保温装饰一体化板外墙保温装饰

本工艺适用于新建、扩建、改建的居住建筑、公共建筑墙体节能保温装饰一体化工程施工。工业建筑以及既有建筑的节能保温装饰改造工程在技术条件相同时也可执行。

1　引用标准

《建筑节能工程施工质量验收规范》GB 50411—2007

《建筑工程施工质量验收统一标准》GB 50300—2013

《保温装饰外墙外保温系统材料》JG/T 287—2013

《保温装饰板外墙外保温系统技术规程》DGJ32/TJ 86

《外墙外保温施工技术规程》（外墙保温装饰板做法）DB11/T 697—2009

《保温装饰板外墙外保温系统应用技术规程》DBJ43/T 302—2014

《保温装饰复合板墙体保温系统应用技术规程》DG/TJ 08—2122—2013

2　术语（略）

3　施工准备

3.1　材料及机具

3.1.1　材料

1　保温装饰一体化板外墙保温系统应经耐候性试验检验。

2　保温装饰板应符合《保温装饰板外墙外保温系统技术规程》DGJ32/TJ 86 中的性能要求。

3　所有材料应符合《建筑节能工程施工质量验收规范》GB 50411 标准要求。

4　该系统中所采用的附件均应符合相关产品标准的要求。

3.1.2　机具

1　机械设备：电动吊篮或专用保温施工脚手架、手提式搅拌器、垂直运输机械、水平运输手推车等。

2　常用施工工具：铁抹子、阳角抹子、阴角抹子、电热丝切割器、电动搅拌器、壁纸刀、电动螺钉旋具、剪刀、钢锯条、墨斗、棕刷或滚筒、粗砂纸、塑料搅拌桶、冲击钻、电锤、压子、钢丝刷等。

3　常用检测工具：经纬仪及放线工具、拖线板、靠尺、塞尺、方尺、水平尺、探针和钢尺、小锤等。

3.2　作业条件

3.2.1　基层墙体施工质量验收合格。

3.2.2　外门窗洞口应通过验收，洞口尺寸、位置应符合设计要求和质量要求。门窗框或辅框应安装完毕。

3.2.3　伸出墙面的消防梯、落水管、各种进户管线和空调器等的预埋件、连接件应安装完毕，并按外墙外保温系统厚度留出间隙。

3.2.4　雨篷、窗台、外装饰线条应横平竖直，墙体无搭架孔洞。

3.2.5　不开裂、不掉粉、不起砂、不空鼓，无剥离、石灰爆裂点和附着力不良的旧涂层等。

3.2.6　基层应清洁，表面无灰尘、浮浆、油迹、锈斑、霉点、渗出物和青苔等杂质。

3.2.7　对窗台、檐口、雨棚等凹凸部位，应采用防水和排水构造。

3.2.8　基层应表面平整、立面垂直，阴阳角垂直、方正和无缺棱掉角。

3.2.9　保温装饰板外墙外保温系统施工期间及完工后 24h 内，基层墙体及环境温度不应低于 5℃；雨天、雪天和 5 级风及其以上时不得施工；夏季应避免阳光暴晒。

4　操作工艺

4.1　工艺流程

施工准备 → 基层检查 → 放线、排版 → 挂垂线、拉设水平控制线 →

粘贴安装 → 安装锚固件 → 清理板缝 → 打胶 → 清理、验收

4.2　施工准备

4.2.1　施工技术人员进场熟悉施工现场和图纸，根据现场施工条件进行必

要的测量放线，对基层平面情况、标高、洞口的尺寸、位置进行校核。发现问题及时提出并解决，与各工种间做好工序交接手续。

4.2.2　编制专项施工方案、劳动力需要计划并组织施工队伍进场，报监理及甲方审批。

4.2.3　根据施工条件，安装垂直运输设施，做好材料机具准备。制作施工专用十字卡具及垫块等。

4.2.4　根据确定的安装排版图，在外墙上弹出控制点、线。

4.3　基层墙体处理

粘贴一体板时基体墙体上抹灰层应平整、牢固，无空鼓、开裂现象。墙面杂物必须清理干净，充分保证粘结砂浆与基层的粘结力，提高砂浆的粘结强度。

4.4　放线、排版

1　按建筑物的阳角挂垂直线或用经纬仪放出垂直线，以此基准线，控制阳角上下竖直程度，同时自下而上每层弹出竖直线和水平线，以此控制保温装饰一体板铺贴的垂直度和水平度。

2　根据弹出的定位控制线，现场测量，与所有保温装饰复合板的尺寸、数量、位置的备料清单核对，并根据实际测绘后的尺寸绘制实际安装排版图；如有出入，应及时对墙体进行修整或通知厂家对复合板尺寸进行修改。

4.5　挂垂线、拉设水平控制线

1　在按照排版图确定的各墙面施工段，墙面最左边和最右边的两列板位置，沿垂直方向拉两条钢丝平整度控制线，用膨胀螺栓固定；然后，在水平方向每贴一层板时，在这一层板水平方向固定一条平整度控制线。

2　在两块板的安装定位控制线之间机械锚固的位置，根据设计的固定件数量打孔预埋膨胀管，同时清除灰尘。

4.6　粘贴安装

4.6.1　配制粘结砂浆：加入水和干粉（容器中先加入适量的水），用手持式电动搅拌器搅拌不少于5min，保证聚合物砂浆有一定的黏度，配制的砂浆应在2h内用完。

4.6.2　涂粘接砂浆

1　点框法施工：用抹子在每块一体板（标准板尺寸为600mm×1200mm）周边涂宽约80mm的胶粘剂，在保温板顶部中间位置留出宽度约50mm的排气孔，然后在保温板面均匀刮上8块直径约100mm的粘结点，粘结点要布置均匀，必须保证板与基层墙面的粘结面积达到40%以上。为保证一体板与基层粘结牢固，粘结层厚度以5～10mm为宜（见图7-1）。

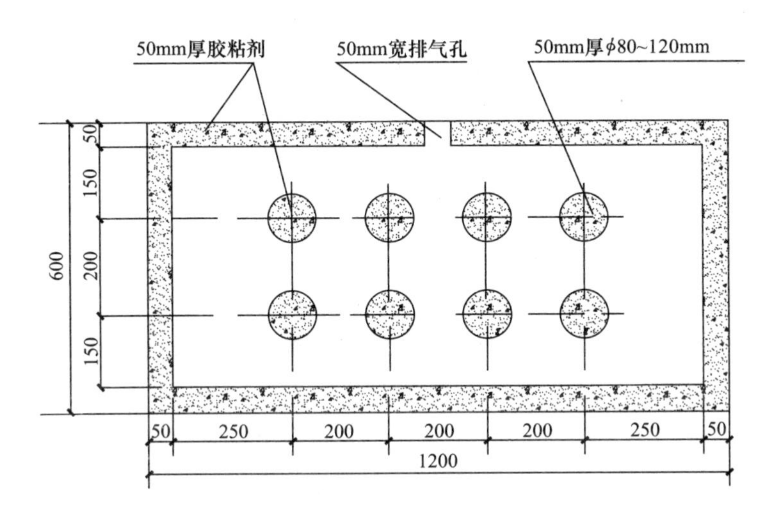

图7-1　点粘法

2　条粘法施工：在每块一体板（标准板尺寸为600mm×1200mm）面用锯齿镘刀满涂宽约80mm的胶粘剂，胶粘剂厚度约5～10mm，粘结条间距约120mm，必须保证一体板与基层墙面的粘结面积达到40%以上。（见图7-2）

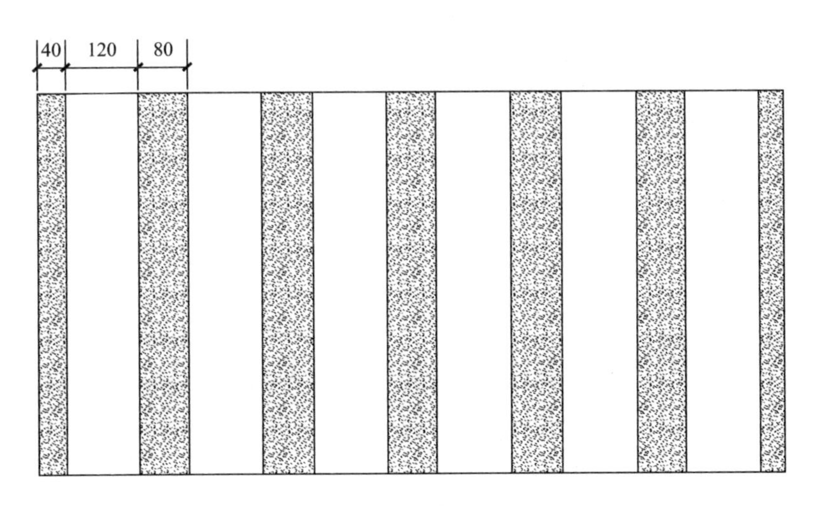

图7-2　条粘法

4.6.3　一体化板安装：涂抹粘结砂浆的复合一体板往墙面粘贴时，依据墙面弹出的安装定位线，用靠尺均匀慢压，确保粘结砂浆与墙面接触紧密，并与相邻保温装饰一体板齐平；用2m靠尺和托线板检查平整度和垂直度；粘板时应清除板边溢出的粘结砂浆，板与板之间无“碰头灰”，板缝拼合理。同时对相邻各板进行校正，对相邻板的相对平整度和板缝宽度进行调整。安装时应校对周边基准线和表面平整控制线。如果出现按压过度，板面明显低于平整度基准面时，应将保温板取下后刮除原粘结砂浆，并按要求涂粘结砂浆后重新进行粘贴。保证板的位置准确、角度合适，平整、牢固。

4.7　安装锚固件

保温装饰一体板粘贴后，根据设计要求采用机械锚固件固定保温板，用冲击钻在两块保温装饰一体板板缝之间凹槽之内向里打孔；孔径根据锚固件直径确定，锚固件的长度根据保温装饰一体板厚度确定且进墙深度不得小于设计要求；锚固件钉头和圆盘应在板缝之间凹槽内，不得超出保温装饰一体板板面，并隐藏于保温装饰一体板之间，使保温装饰一体板的装饰效果不受影响。安装锚固件角码时，锚固螺栓分两次拧紧，初拧不宜过紧，拉通线检查锚固件的高度，待确定角码高度一致时再拧紧。保证与保温装饰一体板粘接砂浆配合密切，固定牢靠。

4.8　清理板缝

1　一体板调整、粘贴完毕后，待粘结砂浆胶粘剂干燥后，拿掉板缝间的垫块和十字卡箍尺，对墙边、顶部、底部等进行修边处理。

2　板面清洁干净后，在保温装饰一体板之间的缝隙中注入勾缝剂等材料；注剂应结合设计图纸控制勾缝剂的施工厚度、饱满度，不能有空隙或气泡；灰刀沿接缝应匀速移动，挤压勾缝剂力量应均匀；勾缝剂不宜太薄也不宜太厚。

4.9　打胶

为确保板缝处的保温效果应在板缝处嵌入聚乙烯泡沫圆棒，然后打硅酮密封耐候胶，打胶的厚度应在3.5～4.5mm，胶体表面应平整、光滑，清洁无污物，封顶、封边、封底应牢固美观、不渗水，封顶的水应向里排。打胶应专人施工。根据实际需要，可在板缝位置安置开口向下的具有排气防水作用的透气帽。

4.10　板面清理、验收

4.10.1　施工中对外墙的胶缝、面板等采取保护措施，在密封胶固化并达到设计强度后，及时掀掉保护膜并将杂物清除，同时对板面清洗，并谨防划伤板面，文明施工。

4.10.2　清洁表面后，检查板面平整、垂直和阴阳角方正，对不符合要求的及时更换。

5　质量标准

5.1　主控项目

5.1.1　所用材料和半成品、成品进场后，应做质量检查和验收，其品种、性能必须符合设计和有关标准。

5.1.2　保温装饰板的保温层厚度必须符合设计要求，不得存在负偏差。

5.1.3　保温装饰板无起皮、起翘、断裂、缺角、表面碰损、划伤、色差，保温装饰板的面板与保温芯材板之间无脱层、空鼓。

5.1.4　保温装饰板的保温层与墙体之间必须粘结牢固，无松动和虚粘现象。粘贴面积应符合设计要求，且不得少于50%，防火隔离带应满贴。

5.1.5　安装锚固件的墙面，锚固件数量、锚固位置、锚固深度、锚栓拉拔力应符合设计要求；当无设计要求时，应满足相关规程的要求。

5.1.6　保温装饰板拼缝处的密封胶厚度符合设计要求，应平滑、顺直、均匀，不得有空穴或气泡，不得污染板表面。

5.1.7　门窗洞口四周的侧面、墙体上凸窗四周的侧面，应按设计要求并采取节能保温措施。

5.2　一般项目

5.2.1　保温装饰板安装，应拼缝平整，且拼缝不得抹粘结砂浆。

5.2.2　保温装饰板安装后的外墙面允许偏差和检查方法应符合表7-1和表7-2的规定。

保温装板安装允许偏差和检查方法　　表7-1

项目	允许偏差（mm）	检查方法
表面平整度	4	用2m靠尺楔形塞尺检查
立面垂直度（高度不大于2000mm）	4	用2m垂直检测尺检查
阴、阳角方正	3	用直角检查尺检查
密封胶直线度	2	拉5m线，不足5m拉通线，用钢尺检查

墙面装饰工程的尺寸允许偏差及检验方法　　表7-2

项目	允许偏差（mm）	检验方法
表面平整	≤4	用2m靠尺检查
接缝宽度	≤2	用直尺测量
拼缝高低差	≤1	用直尺测量
阴阳角垂直	≤4	用2m托线板检查
阴阳角方正	≤4	用20cm方尺和塞尺检查
立面总高度垂直度	$H/1000$且不大于30	用经纬仪、吊线检查
上下窗口左右偏移	20	用经纬仪、吊线检查
同层窗口上下偏移	20	用经纬仪、吊线检查

6　成品保护

6.0.1　施工中各专业工种应紧密配合，合理安排工序，严禁颠倒工序作业。

6.0.2　一次配制的界面剂、粘接砂浆应在2h内用完。砂浆不能随意堆放、扔、甩、涂抹，及时清理干净分隔缝内或装饰板表面砂浆。

6.0.3　对已经粘贴的保温装饰一体板，不得随意开洞。在粘接砂浆达到设计强度后使用专用工具进行，安装完工后应恢复原状。

6.0.4　安装保温装饰一体化板时，应避免用硬物直接敲打，应用平整、韧性物体衬垫，轻敲、轻压，避免硬物划伤饰面层。

6.0.5　保温装饰一体板的粘结砂浆结构层在固化前应防止淋水、振动、撞击，窗台及平面部位严禁踩踏。

6.0.6　安装保温装饰一体化板应将板边对应整齐。施工的板面应高低一致，分割缝、锚栓孔灌胶密封应均匀到位，线条横平竖直、整齐、流畅。

6.0.7　在施工完成的保温墙体附近不得进行电焊、电气操作，不得用重物撞击墙面。

6.0.8　保温装饰一体化板存放时，应有防火、防潮和防水措施，运转时应注意保护。

7　注意事项

7.1　应注意的质量问题

7.1.1　下列部位应做保温防水处理：

1　水平或倾斜的出挑部位。

2　外墙上附着件连接部位。

3　延伸至地面以下的部位。

4　变形缝部位。

7.1.2　材料在贮存运输中应注意防晒，材料应分类分标识存放。保温装饰板堆放应平置，场地应平整。砂浆类材料应防潮、防雨且在保质期内使用。贮存温度应在30℃以下。施工现场配制原料时，必须保持计量准确。

7.1.3　在高温和非常干燥的环境下施工前，应适当湿润基层墙体表面；基层墙体表面出现吸水率过高或其他影响保温装饰板粘结的情况时，应暂停施工。

7.2　应注意的安全问题

7.2.1　施工现场应派专职安全员，负责施工现场的安全管理工作。制定并落实岗位安全责任制度，签订安全协议。工人上岗前必须进行安全技术培训，施工机械、吊篮等操作培训，考核合格后方可上岗操作。

7.2.2　进场进行安全三级教育，并进行考核，确保安全意识深入人心。所有进厂人员要戴好安全帽、高空作业系好安全带，不许从高空往下扔东西，严格遵守有关的安全操作规程，做到安全生产和文明施工。

7.2.3　架子搭设完毕要组织验收，验收合格方可使用。

7.2.4　脚手板应满铺并搭牢，严禁探头板出现。

7.2.5　安全用电注意事项：

1　定期和不定期对临时用电的接地、设备绝缘和漏电保护开关进行检测、维修、发现隐患及时消除。

2　电气作业时必须穿绝缘鞋，戴绝缘手套，酒后不准操作。

3　室内照明灯具距地面不得低于2.4m。每路照明支线上灯具和插座数不宜超过25个，额定电流不得大于15A，并用熔断器保护。

4　施工现场和生活区域严禁私拉乱接电线，一经发现严肃处理。

5　有施工人员在使用电动工具时，必须严格执行现场临时用电协议。

6　每天施工完毕要将配电箱遮盖好，切断各部分电源，将操作面杂物清除干净以防止出现安全隐患。

7.3　应注意的绿色施工问题

7.3.1　板材运输、装卸应轻抬轻放，堆放场地应坚实、平整、干燥，注意防火。

7.3.2　各种材料分类存放并挂牌标明材料名称，切勿用错，粉料存于干燥处，严禁受潮。

7.3.3　运输聚合物水泥砂浆、保温板材料应进行扬尘控制，对运输车辆进行检查，杜绝由于车辆原因引起的遗撒，严禁超载，对车厢进行蒙盖。对于意外原因所产生的遗撒及时进行处理。

7.3.4　运输抗裂砂浆的车辆在出入大门口清洗，对携带污染物的车轮进行冲洗，并及时清理路面污染物。

7.3.5　修平工作完毕后，将粘在墙面的灰浆及落地灰及时清理干净。

7.3.6　配制胶粘剂及抗裂砂浆的电动搅拌器在封闭区域内使用，并使噪声达到环保要求。

7.3.7　现场设置废弃物临时置放点，并在临时存放场地配备有标识的废弃物容器，设专人负责对废弃的砂浆、保温板的边角料等进行收集、处理。

8　质量记录

8.0.1　设计文件、设计变更和洽商。

8.0.2　主要材料、设备和构件的质量证明文件、进场检验记录、进场核查记录、进场复验报告、见证试验报告。

8.0.3　隐蔽工程验收记录和相关图像资料。

8.0.4　检验批质量验收记录。

8.0.5　分项工程质量验收记录。

8.0.6　施工记录。

8.0.7　建筑围护结构节能构造现场实体检验记录。

8.0.8　其他对工程质量有影响的重要技术资料。

8.0.9　工程安全、节能和保温功能核验资料。

8.0.10　质量问题处理记录。

第 8 章　纸面石膏板外墙内保温

本工艺标准主要适用于居住建筑，也可用于托幼、医疗等使用功能与居住建筑相近的民用建筑。外墙主体结构一般为黏土砖墙或钢筋混凝土墙，墙体内侧铺贴纸面石膏聚苯复合板。本工艺标准不适用于厨房、卫生间等湿度较大的房间。

1　引用标准

《外墙内保温复合板系统》GB/T 30590—2014

《外墙内保温工程技术规程》JGJ/T 261—2011

《纸面石膏板》GB/T 9775—2008

《复合保温石膏板》JC/T 2077—2011

《纸面石膏板能耗等级定额》JC/T 523—2010

《北京市外墙内保温质量检验评定标准》DBJ 01—30—2000

2　术语（略）

3　施工准备

3.1　材料及机具

3.1.1　材料

纸面石膏聚苯复合板（以下简称复合板）、Ⅱ型黏土结剂、Ⅲ型粘结剂、建筑石膏粉、WKF 腻子、玻纤带、水泥聚苯防水保温踢脚板等材料均应符合《北京市外墙内保温施工技术规程纸面石膏》DBJ 01—18—1994 的规定。

3.1.2　机具

1　机械设备：施工脚手架、手提式搅拌器、垂直运输机械、水平运输手推车等。

2 常用施工工具：铁抹子、阳角抹子、阴角抹子、电热丝切割器、电动搅拌器、壁纸刀、电动螺钉旋具、剪刀、钢锯条、墨斗、棕刷或滚筒、粗砂纸、塑料搅拌桶、冲击钻、电锤、压子、钢丝刷等。

3 常用检测工具：经纬仪及放线工具、拖线板、靠尺、塞尺、方尺、水平尺、探针和钢尺、小锤等。

3.2 作业条件

3.2.1 必须经过有关部门基层验收合格后方可进行墙体保温施工，并弹好500mm水平控制线。

3.2.2 内隔墙及外墙门窗口、窗台板安装完毕，窗台以及墙面、顶板抹灰等湿作业施工完毕。

3.2.3 外墙抹灰宜在外墙内保温施工前完成，否则应有相应保护保温墙面的措施。

3.2.4 水暖及装饰工程分别需用的管卡、炉勾和窗帘杆耳子等埋件留出位置或埋设完毕，电气工程的暗管线、接线盒等必须埋设完毕，并应完成暗管线的穿带线工作。

3.2.5 复查门窗口垂直方正及其内侧所留粘贴纸面石膏板的缝隙宽度。

3.2.6 操作地点环境温度不低于5℃。

4 操作工艺

4.1 工艺流程

基层墙面清理→分档弹线→标出管卡、炉沟等埋件位置→墙面冲筋→安装接线盒→粘贴踢脚板→安装复合板→板缝及阴阳角处理→板面操油

4.2 基层墙面清理

凡凸出墙面20mm的砂浆、混凝土块必须剔除并扫净墙面。

4.3 分档弹线

应按下列原则分档弹出冲筋线：

4.3.1 弹竖筋线：门窗洞口两侧及其把板边各弹竖筋线（把板边长度应不小于200mm），然后依次以板宽900mm（或1200mm）的间距向两侧分档弹竖筋线。

4.3.2 弹横筋线：沿地面、顶棚、踢脚上口及门洞上口，窗洞口上下均弹

出横筋线。

4.4　标出管卡、炉沟等埋件位置

4.5　墙面冲筋

4.5.1　在冲筋位置，用钢丝刷刷出不少于60mm宽的洁净面并浇水润湿，刷一道108胶水泥素浆。

4.5.2　检查墙面平整、垂直，找规矩贴饼冲筋，并在需设置埋件处做200mm×200mm的灰饼。

4.5.3　冲筋材料可为1∶3水泥砂浆，筋宽60mm，厚度不应小于20mm。

4.6　安装接线盒

安装电气接线盒时，接线盒应高出冲筋面但不得大于复合板厚度且要稳牢固。

4.7　粘贴踢脚板

4.7.1　墙面弹出踢脚板上口线；

4.7.2　在踢脚板内侧，上下各按200～300mm的间距布设Ⅱ型胶粘结点，同时在踢脚板底面及其相邻的已粘贴上墙的踢脚板侧面满刮粘结胶；

4.7.3　按控制线粘贴踢脚板，用橡皮锤贴紧敲实，挤实碰头缝并将挤出的粘结胶及时清理干净；

4.7.4　粘贴踢脚板必须横平竖直。

4.8　安装复合板

4.8.1　裁出门窗洞口处及阴角处宽度不足整板宽的板。

4.8.2　将接线盒位置准确翻样到板面上，并开凿洞口。

4.8.3　复合板上按250～350mm的间距布设Ⅱ型胶粘接点，在顶棚以下500mm范围内的布点间距适量减小，但板与冲筋粘结面及碰头缝必须抹满胶粘剂。

4.8.4　抹完胶粘剂，立即将板立起并就位安装。安装时要侧向推挤和上下推挤，并用托线板找垂直，用靠尺找平整，高出部分用橡皮锤敲平，挤出的胶料要及时清理。

4.9　板缝及阴、阳角处理

4.9.1　复合板安装时，其接缝处坡口与坡口应相接。坡口清扫后刷一道50%浓度的107胶水溶液。

4.9.2　在接缝坡口处刮约1mm厚的WKF腻子，然后粘贴玻纤带，压实刮平。

4.9.3　当腻子开始凝固又尚处于潮湿状态时，再刮一道WKF腻子，将玻纤带埋入腻子中，并将板缝填满刮平。

4.9.4　阴、阳角要做成小圆角。阴角粘贴一层、阳角粘贴二层玻纤布条，角两边均拐过100mm，粘贴方法同板缝处理，表面用WKF腻子刮平。

4.9.5　门窗口侧面和上口，用Ⅱ型粘结剂贴一层纸面石膏板，石膏板应嵌入门窗子口内，并宜小面压大面，应贴方正、垂直。

4.10　板面操油

待板缝腻子全部干燥后，可用磨砂纸操油，油的配制比例：工业清漆∶汽油＝1∶5。

4.11　粘结剂的配制

将胶液倒入容器内并搅动，按一定比例徐徐掺入石膏粉，拌制面糊状即可，胶粘剂的一次配制量不宜过多，随用随配。

5　质量标准

5.1　主控项目

5.1.1　板材与胶粘剂配制原料的质量应符合下列规定：

1　复合板的构造应符合设计要求。

2　板的允许偏差：长、宽为±5mm，对角线为6mm。

3　复合板不能有受潮、发霉、污染、变形、空鼓和脱落现象。

4　一块复合板中不能出现接缝，纸面石膏板应完好无损。

5　复合板和粘结剂配制原料的技术性能必须符合有关标准。

5.1.2　复合板与结构墙面必须粘接牢固，无松动现象。

5.1.3　空气层厚度不得小于20mm。

5.2　一般项目

5.2.1　复合板与结构墙面粘接点的间距不得大于350mm。

5.2.2　板缝玻纤带及阴、阳角坡纤布条应压贴密实，无皱折、翘曲、外露现象。

5.2.3　复合板碰头缝腻子应刮平、嵌实。

5.3　允许偏差

复合板安装的允许偏差应符合表8-1规定。

复合板安装的允许偏差及检查方法　　表 8-1

项次	项目	允许偏差（mm）	检查方法
1	表面平整	4	用 2m 靠尺和楔形塞尺检查
2	立面垂直	5	用 2m 托线板检查
3	阴、阳角垂直	4	用 2m 托线板检查
4	阴、阳角方正	5	用 200mm 方尺和楔形塞尺检查
5	接缝高差	1.5	用直尺和楔形塞尺检查

6　成品保护

6.0.1　复合板、踢脚板、WKF 腻子和石膏粉，存放时应有防潮和防水措施，转运时应注意保护，以免碰坏。

6.0.2　土建、水电各工种应密切协作，合理安排施工顺序，严禁颠倒工序作业。

6.0.3　在保温墙附近不得进行电焊、气焊，不得用重物碰撞、挤靠和冲击墙面。

6.0.4　雨期施工、施工用水和设备试水等，必须采取有效的防护措施，防止保温墙面受潮和污染。

7　注意事项

7.1　应注意的质量问题

7.1.1　水电专业必须与内保温施工密切配合，安装水暖管卡、炉勾等埋件，必须固定于结构墙内，位置应准确，锚固深度应大于 120mm，宜用锤击钻钻孔。

7.1.2　电气接线盒等埋设深度应与保温墙厚度相应，凹进墙面不大于 2mm。

7.1.3　复合板运输、装卸时应轻抬轻放，堆放时每垛数量不宜超过 10 块。

7.1.4　复合板安装，板的下端与墙体粘牢时，应有专人扶住上部；条件允许时应采用专用临时固定设备。

7.2　应注意的安全问题

7.2.1　在外窗附近施工时，操作人员应注意安全防护。

7.2.2　应严格遵守有关安全操作规程，实现安全生产和文明施工。

7.3 应注意的绿色施工问题

7.3.1 板材运输、装卸应轻抬轻放，堆放场地应坚实、平整、干燥，注意防火。

7.3.2 各种材料分类存放并挂牌标明材料名称，切勿用错，粉料存于干燥处，严禁受潮。

7.3.3 运输聚合物水泥砂浆、保温板材料，应进行扬尘控制，要求对运输车辆进行检查，杜绝由于车辆原因引起的遗撒，严禁超载，对车厢进行覆盖。对于意外原因所产生的遗撒应及时进行处理。

7.3.4 运输抗裂砂浆的车辆在出入大门口清洗，对携带污染物的车轮进行冲洗，并及时清理路面污染物。

7.3.5 施工完毕后，将粘在墙面的灰浆及落地灰及时清理干净。

7.3.6 配制胶粘剂及抗裂砂浆的电动搅拌器在封闭区域内使用，并使噪声达到环保要求。

7.3.7 现场设置废弃物临时置放点，并在临时存放场地配备有标识的废弃物容器，设专人负责对废弃砂浆、保温板的边角料等进行收集、处理。

8 质量记录

8.0.1 设计文件、设计变更和洽商。

8.0.2 主要材料、设备和构件的质量证明文件、进场检验记录、进场核查记录、进场复验报告、见证试验报告。

8.0.3 隐蔽工程验收记录和相关图像资料。

8.0.4 检验批质量验收记录。

8.0.5 分项工程质量验收记录。

8.0.6 建筑围护结构节能构造现场实体检验记录。

8.0.7 其他对工程质量有影响的重要技术资料。

8.0.8 施工记录。

8.0.9 工程安全、节能和保温功能核验资料。

8.0.10 质量问题处理记录。

第9章　粉刷石膏EPS板外墙内保温

本工艺标准适用于不同气候区、新建、扩建民用建筑及既有民用建筑改造墙体内保温工程。主要应用于无条件实现外保温的外墙以及不采暖与采暖区分隔墙、楼梯间、电梯间、分户墙等保温工程。

1　引用标准

《外墙内保温复合板系统》GB/T 30593—2014

《外墙内保温工程技术规程》JGJ/T 261—2011

《复合保温石膏板》JC/T 2077—2011

《墙体内保温施工技术规程（胶粉聚苯颗粒保温浆料玻纤网格布抗裂砂浆做法和增强粉刷石膏聚苯板做法）》DB11/T 537

《北京市增强石膏聚苯复合保温板施工技术规程》DBJ 01—35

《北京市外墙内保温质量检验评定标准》DBJ 01—30

2　术语（略）

3　施工准备

3.1　材料及机具

3.1.1　材料

界面剂、聚苯板、聚合物水泥抗裂砂浆、粉刷石膏、玻纤网格布、网格布粘接剂、柔性耐水腻子、饰面涂料等均应符合《墙体内保温施工技术规程》中相关材料性能的规定。

3.1.2　机具

1　机械设备：施工脚手架、手提式搅拌器、垂直运输机械、水平运输手推车等。

2　常用施工工具：铁抹子、阳角抹子、阴角抹子、电热丝切割器、电动搅拌器、壁纸刀、电动螺钉旋具、剪刀、钢锯条、墨斗、棕刷或滚筒、粗砂纸、塑料搅拌桶、冲击钻、电锤、压子、钢丝刷等。

3　常用检测工具：经纬仪及放线工具、拖线板、靠尺、塞尺、方尺、水平尺、探针和钢尺、小锤等。

3.2　作业条件

3.2.1　必须经过有关部门基层验收合格后方可进行墙体保温施工，并弹好 500mm 水平控制线。

3.2.2　应检查门窗框位置正确，与墙连接牢固，嵌缝应密实，材料应符合设计要求，并做好防污处理。

3.2.3　水暖及装饰工程分别采用的管卡、炉钩和窗帘杆固定件等埋件宜留出位置。电气工程的暗管线、接线盒等必须埋设完毕，并完成暗管线的穿带线工作。

3.2.4　管道穿越的墙洞，应及时安放套管，并用 1∶3 水泥砂浆（或胶粉聚苯颗粒保温浆料）填塞密实；安装在墙内的线管、消火栓箱、配电箱等安装完毕，并对露明部分进行保护。

3.2.5　预埋件位置、标高正确，并防护处理。

3.2.6　根据室内高度制作施工高凳，架子应离开墙面一定距离。

3.2.7　作业环境与墙体表面温度不应低于 5℃。

4　操作工艺

4.1　工艺流程

4.2　基层处理

去除墙面的油污、灰尘、疏松物等影响附着的物质。对轻质材料墙体及既有建筑的保温改造，基层处理后必须对粘结石膏或其他胶粘剂与实际墙体基面的粘结强度进行实测，即：

$$F = B \cdot S \geqslant 0.10\text{N/mm}^2$$

式中　F——应有的粘结强度（N/mm^2）；

B——基层墙体与所用聚苯板胶粘剂的实测粘结强度（N/mm^2）；

S——粘结面积率。

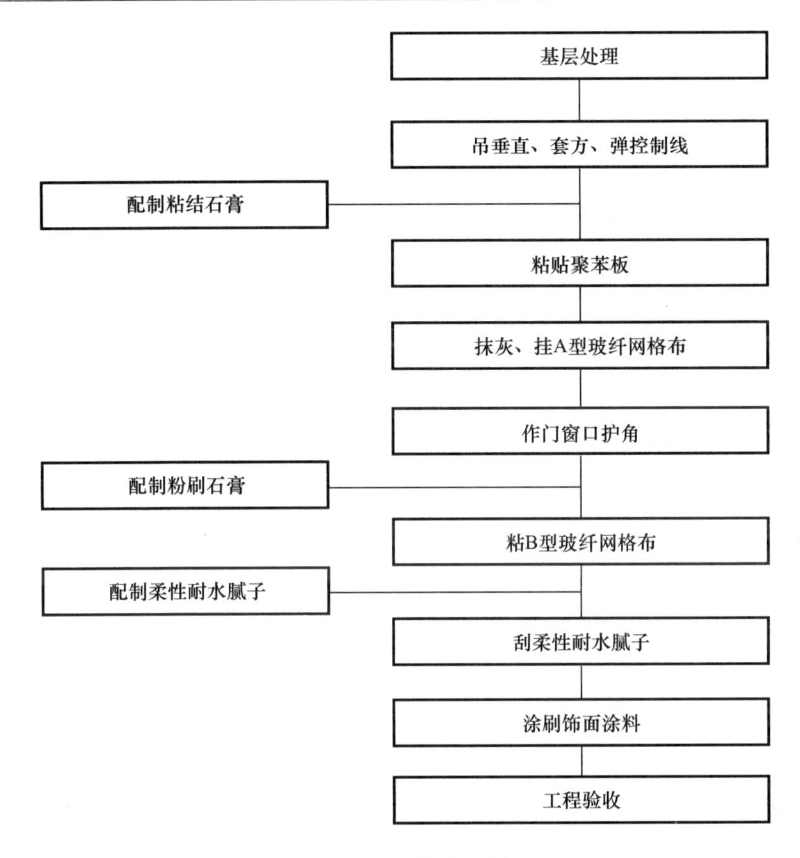

图 9-1　工艺流程图

对于未达到应有粘结强度的墙面应彻底清理原墙体面层，剔除暴皮、粉化、松动、裂缝、空鼓部分，进行修补、加固、找平。

4.3　弹线

根据聚苯板的厚度以及墙面平整度，在与墙体内表面相邻的墙面上弹出聚苯板粘贴控制线门窗洞口控制线。根据 EPS 聚苯板粘贴控制线，做 50mm×50mm 灰饼，按 2m×2m 的间距布置在保温墙面上。

4.4　粘贴聚苯板

4.4.1　聚苯板常用的规格尺寸为 600mm×900mm，600mm×1200mm，局部不规则处可现场裁切，宜用电阻丝苯板切割装置进行裁切，裁切口要平直。墙面聚苯板应错缝拼接，聚苯板排列图见图 9-2。聚苯板的拼缝处不得留在门窗口的四角处。门窗口位置聚苯板排布见图 9-3。

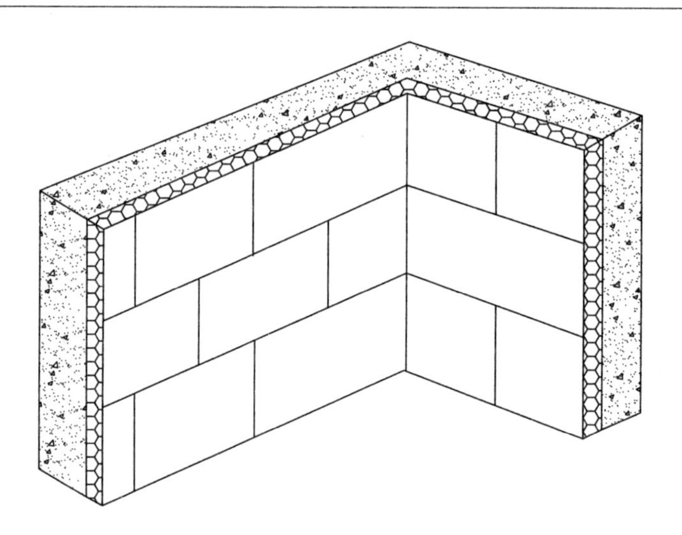

图 9-2　墙面聚苯板排列示意图

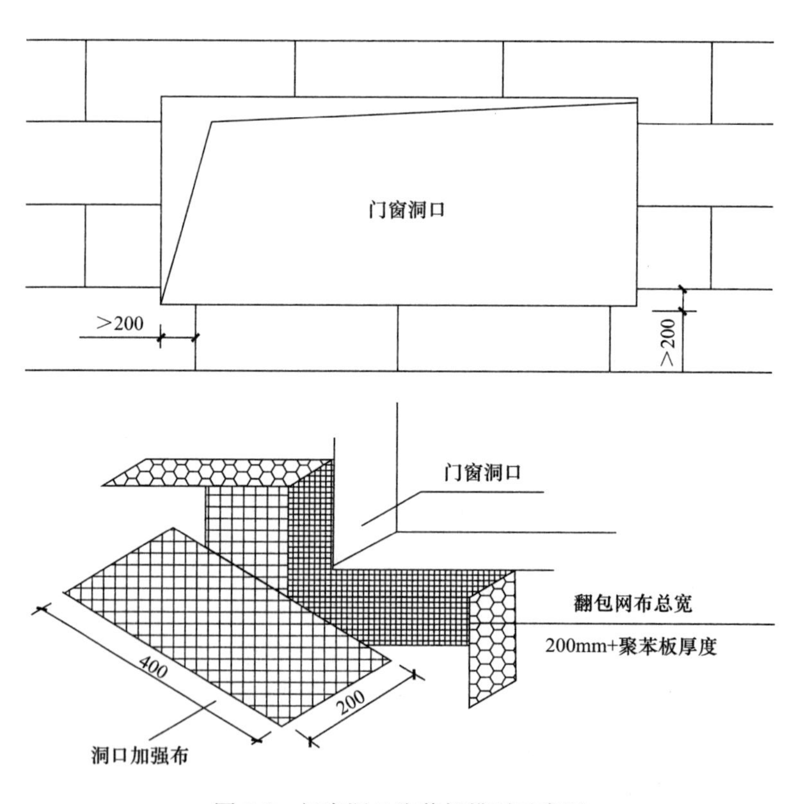

图 9-3　门窗洞口聚苯板排列示意图

4.4.2 粘贴聚苯板用点框法和条粘法

1 点框法施工：用抹子在每块保温板（标准板尺寸为 600mm×1200mm）四周边上涂宽约 80mm 的胶粘剂，在保温板顶部中间位置留出宽度约 50mm 的排气孔，然后在保温板面均匀刮上 8 块直径约 100mm 的粘结点，粘结点要布置均匀，必须保证板与基层墙面的粘结面积达到 40%以上。为保证聚苯板与基层粘结牢固，粘结层厚度以 5～10mm 为宜。（见图 9-4）

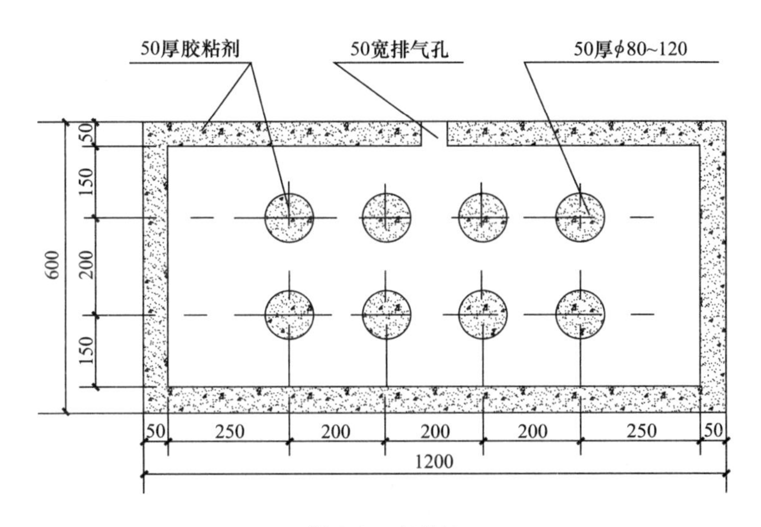

图 9-4　点粘法

2 条粘法施工：在每块保温板（标准板尺寸为 600mm×1200mm）面用锯齿镘刀满涂宽约 80mm 的胶粘剂，胶粘剂厚度约 5～10mm，粘结条间距约 120mm，必须保证聚苯板与基层墙面的粘结面积达到 40%以上（见图 9-5）。

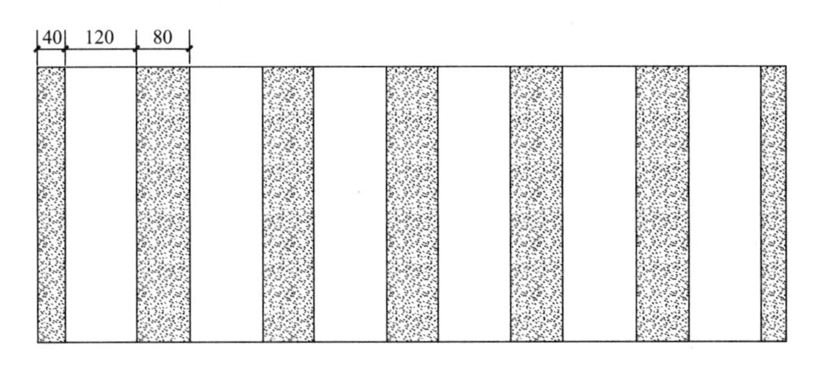

图 9-5　条粘法

4.4.3　粘贴聚苯板时，按粘结控制线从下至上逐层粘贴，应保证粘结点与墙面充分接触。聚苯板侧面不得留碰头灰，如果因聚苯板不规则出现拼缝宽超过2mm时，应用聚苯条（片）填塞严实。

4.4.4　粘贴聚苯板时，应随时用托线板检查，确保聚苯板墙面垂直度和平整度，粘贴2h内不得碰动；在遇到电气盒、插座、穿墙管线时，先确定上述配件的位置再裁切聚苯板，聚苯板粘贴完毕后，洞口周围用聚苯条填塞密实。

4.4.5　聚苯板与相邻墙面、顶棚的接槎应用保温板薄片塞实、刮平，邻接门窗洞口、接线盒的位置用聚苯条（片）塞实。

4.5　抹灰、挂网格布

4.5.1　在聚苯板表面弹出踢脚高度控制线。

4.5.2　宜用符合性能指标的底层粉刷石膏按说明书规定比例加水调配，粉刷石膏砂浆的一次拌合量以50min内用完为宜。

4.5.3　用粉刷石膏砂浆在聚苯板面上，按常规抹灰作法做标准灰饼，抹灰平均厚度控制在8～10mm，待灰饼硬化后再大面积抹灰。

4.5.4　将粉刷石膏砂浆直接抹在聚苯板上，根据灰饼厚度用杠尺将粉刷石膏砂浆刮平，在抹灰层初凝之前用抹子搓毛，横向绷紧A型网格布，用抹子压入到抹灰层内，然后搓平、压光，网格布应尽量靠近表面。

4.5.5　凡是与相邻墙面、窗洞、门洞接槎处，网格布均要预留100mm的接槎宽度；整体墙面相邻网格布接槎处，网格布搭接不小于100mm。在门窗洞口、电气盒四周对角线方向斜向加铺400mm×200mm网格布条。

4.5.6　对于墙面积较大的房间采取分段施工，网格布留槎200mm，网格布搭接不小于100mm。

4.5.7　踢脚板位置不应抹粉刷石膏砂浆灰，预留网格布直铺到底。

4.6　粘贴网格布

粉刷石膏抹灰层基本干燥后，用网格布粘结胶在抹灰层表面绷紧粘贴B型网格布，相邻网格布接槎处，网格布应拐过或搭接150mm。

4.7　刮腻子

网格布胶粘剂凝固硬化后，宜在网格布上直接刮内墙柔性腻子，腻子层控制在1～2mm，不宜在保温墙再抹灰找平。

4.8　门窗洞口护角、厨厕间、踢脚板做法

4.8.1　为保证门窗洞口、立柱、墙阳角部位的强度，用粉刷石膏抹灰找好垂直后压入金属护角，做法和金属护角见图 9-6。

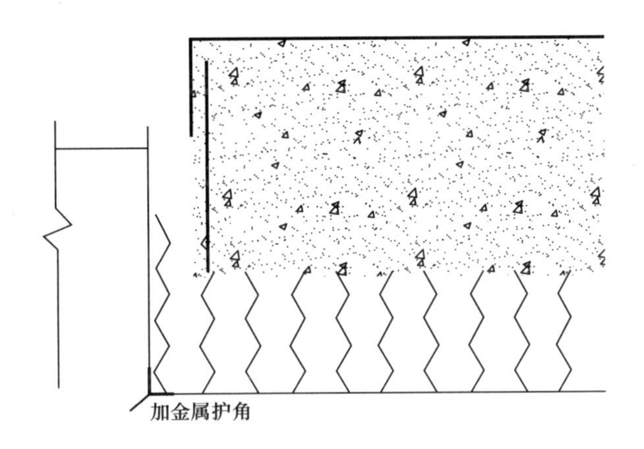

图 9-6　门窗口断桥及加强示意图

4.8.2　做水泥踢脚应先在聚苯板上满刮一层建筑用界面剂，拉毛后再用聚合物水泥砂浆抹灰，抹灰、压光时应注意把预留的网格布压入水泥砂浆面层内。

4.8.3　厨房、卫生间墙体保温做法，宜采用聚合物水泥粘结剂和聚合物水泥罩面砂浆，防水层的施工宜在保温层施工后进行，保温面层上做防水层。

5　质量标准

5.1　主控项目

5.1.1　所用材料和半成品、成品进场后，应做质量检查和验收，其品种、配比、规格、性能必须符合设计和有关标准的要求。

检查方法：

（1）检查出厂合格证和 CMA 章的法定检测部门出具的出厂检验报告和型式检验报告；

（2）复检产品及项目：检测项目和批次按《建筑节能工程施工质量验收规范》GB 50411 规定。

检查数量：按进场批次，每批抽样不少于 3 件。

5.1.2　墙体内保温工程的施工，应符合下列要求：

1　保温材料的厚度应符合设计要求；

2　保温板与基层及各构造层之间的粘结或连接必须牢固。粘结强度和连接方式应符合设计和相关标准的规定；

3　对墙体的热桥部位应按照设计要求和施工方案采取隔断热桥措施。

5.2　一般项目

5.2.1　粉刷石膏 EPS 板墙体保温工程一般项目

1　当采用玻纤网格布作防止开裂的加强措施时，玻纤网格布的铺贴和搭接应符合设计和施工工艺的要求。表层砂浆应抹压严实，不得空鼓，玻纤网格布不得皱褶、外露。

2　聚苯板必须与墙体表面及相邻墙面粘贴牢固，无松动现象；墙体保温板材接缝方法应符合施工工艺要求。保温板拼缝应平整严密。

3　粉刷石膏面层应平整、光滑，不得空鼓、露网和有裂纹等缺陷。

4　聚苯板安装允许偏差及检查方法应符合表 9-1。

表聚苯板安装允许偏差及检查方法　　**表 9-1**

项次	项目	允许偏差（mm）	检查方法
1	表面平整	3	用 2m 靠尺和楔形塞尺检查
2	立面垂直	3	用 2m 托线板检查
3	阴、阳角垂直	3	用 2m 托线板检查
4	阴、阳角方正	3	用 200mm 方尺和楔形塞尺检查
5	接缝高差	1.5	用直尺和楔形塞尺检查

6　成品保护

6.0.1　门窗框残存砂浆应及时清理干净，严禁蹬踩窗台，防止损坏棱角。

6.0.2　拆除架子时应轻拆轻放，防止撞坏门窗、墙面和口角。

6.0.3　应保护好墙上的埋件、电线槽、盒、水暖设备和预留孔洞等。

6.0.4　施工中各专业工种应紧密配合，工序合理安排，严禁颠倒工序作业。

1　水电专业必须与墙体保温层施工密切配合，各种管线和设备的埋件必须固定于结构墙内，不得固定在保温层上，并在保温层施工前埋设完毕。

2　固定埋件时，聚苯板的孔洞用小块聚苯板填实补平。

3　电气接线盒埋设深度应与保温墙厚度相应，凹进面层不大于 2mm。

6.0.5　安装埋件时，宜用冲击钻钻孔。对已完成的保温墙，不得进行任何剔凿。

6.0.6　应防止明水浸湿保温墙面。

6.0.7　在保温墙附近不得进行电焊、气焊，不准用重物撞击墙面。

7　注意事项

7.1　应注意的质量问题

7.1.1　粉刷石膏、粘结石膏应分别存放在干燥室内，严禁受潮，并挂牌标明材料名称，切勿用错。

7.1.2　拌和粘结石膏、粉刷石膏的工具与容器，应用毕洗净。

7.1.3　严禁使用过时灰。各构造层硬化前禁止水冲、撞击和挤压。

7.1.4　严禁在地面上直接倒粉刷石膏和抗裂砂浆。

7.2　应注意的安全问题

7.2.1　砂浆搅拌机等设备使用后应及时清理；设备操作应有专人负责，严格遵守其操作规程。

7.2.2　作业工人必须经过技术培训和安全教育方可上岗。

7.2.3　保温板堆放处和已安装保温板处严禁有明火。

7.3　应注意的绿色施工问题

7.3.1　板材运输、装卸应轻抬轻放，堆放场地应坚实、平整、干燥，注意防火。

7.3.2　各种材料分类存放并挂牌标明材料名称，切勿用错，粉料存于干燥处，严禁受潮。

7.3.3　运输聚合物水泥砂浆、保温板材料应进行扬尘控制，要求对运输车辆进行检查，杜绝由于车辆原因引起的遗撒，严禁超载，对车厢覆盖。对于意外原因所产生的遗撒，应及时处理。

7.3.4　运输抗裂砂浆的车辆在出入大门口清洗，对携带污染物的车轮进行冲洗，并及时清理路面污染物。

7.3.5　修平工作完毕后，将粘在墙面的灰浆及落地灰及时清理干净。

7.3.6　配制胶粘剂及抗裂砂浆的电动搅拌器在封闭区域内使用，并使噪声达到环保要求。

7.3.7　现场设置废弃物临时置放点，并在临时存放场地配备有标识的废弃物容器，设专人负责对废弃的砂浆、保温板的边角料等进行收集、处理。

8　质量记录

8.0.1　设计文件、设计变更和洽商。

8.0.2　主要材料、设备和构件的质量证明文件、进场检验记录、进场核查记录、进场复验报告、见证试验报告。

8.0.3　隐蔽工程验收记录和相关图像资料。

8.0.4　检验批质量验收记录。

8.0.5　分项工程质量验收记录。

8.0.6　建筑围护结构节能构造现场实体检验记录。

8.0.7　其他对工程质量有影响的重要技术资料。

8.0.8　施工记录。

8.0.9　工程安全、节能和保温功能核验资料。

8.0.10　质量问题处理记录。

第2篇　地面节能

第10章　岩棉地面保温

本工艺标准适用于新建、扩建和改建的工业与民用建筑工程地下工程顶板的保温、防火、吸声工程，不适用于外墙外保温工程。

1　引用标准

《建筑工程施工质量验收统一标准》GB 50300—2013
《建筑节能工程施工质量验收规范》GB 50411—2007
《建筑装饰装修工程质量验收标准》GB 50210—2018
《夏热冬冷地区居住建筑节能设计标准》JGJ 134—2010
《严寒和寒冷地区居住建筑节能设计标准》JGJ 26—2010
《岩棉板薄抹灰外墙保温系统应用技术规程》DG/J 08—2126—2013

2　术语（略）

3　施工准备

3.1　材料及机具

3.1.1　材料

岩棉板、塑料膨胀钉、耐碱网格布、抹面胶浆、胶粘剂、锚栓。

3.1.2　主要施工机具

岩棉板切割机器、砂浆搅拌机、手提式搅拌器、水桶、剪刀、滚刷、钢丝刷、铁锹、扫帚、手锤、錾子、壁纸刀、2m 托线板、方尺、钢尺、靠尺、探针橡皮锤、冲击钻、螺丝刀、脚手架等。

3.2　作业条件

3.2.1　结构已验收，墙面弹出＋50cm 高水平控制线。

3.2.2　电气工程的暗管线、接线盒等必须埋设完毕，并应完成暗管线的穿线工作，给排水管道施工完毕。

3.2.3　操作地点环境温度不低于 5℃，不得高于 35℃。

3.2.4　根据工程情况和安装岩棉板要求编制针对工程项目的节能保温工程专项施工方案，并对施工人员进行技术交底和专业技术培训。劳动防护用品已准备齐全。

3.2.5　正式安装前，先安装样板区域，经验收合格后再正式进行大面积施工。

4　操作工艺

4.1　工艺流程

顶板结构面清理 → 分档、弹线 → 岩棉板下料 → 预粘贴保温板端部翻包网格布 → 粘贴岩棉板 → 安装固定件 → 底层抗裂砂浆 → 耐碱玻纤网格布 → 面层抗裂砂浆 → 面层耐水腻子施工 → 饰面层施工

4.2　顶板结构面清理

清扫顶板浮灰，清洗油污，特别是模板拼缝处的灰浆，凹陷部位用抗裂砂浆进行修平处理。

4.3　分档、弹线

根据顶板设计尺寸及单块岩棉板外形尺寸（1200mm×600mm）绘制岩棉板排版图，预先在顶板上弹线。

排版原则：

4.3.1　从地下室顶板的阴角部位开始向中间排。

4.3.2　岩棉板按长向铺贴，相邻两排需错缝二分之一板长，局部最小错缝不小于 200mm。

4.3.3　在阴角的墙面上弹出平直控制线，保证四周阴角通顺平直，水平铺贴。

4.4　岩棉板下料

按照排版图裁割岩棉板。

4.5　预粘贴保温板端部翻包网格布

预粘贴保温板端部翻包网格布：在遇梁、阴角等部位应预先粘贴板边翻包网

格布，将耐碱网格布裁剪成宽度不少于 220mm 的长条，沿一边至少 80mm 宽用专用粘结砂浆牢固粘贴在基层上，待这些位置的岩棉板粘贴完毕，再将剩余的网格布翻包过来。

4.6　粘贴岩棉板

4.6.1　专用粘贴砂浆的拌制

粘贴砂浆应在现场制备，按胶粘剂产品说明书要求的加水量，先加水后加料，在砂浆搅拌机中搅拌 3～5min 至均匀无块状，静置 5～10min 后再搅拌一次即可使用，应避免太阳直射，并控制在可操作时间内用完，表面已结皮或凝结的胶粘剂不得再加水搅拌使用。

4.6.2　粘结砂浆在岩棉板粘贴面上可采用点框法，置粘结砂浆部位宜与锚固件位置相对应，板边一周涂抹大约 80mm 宽的粘接砂浆，中间粘结点直径不小于 200mm，岩棉板与顶板面的实际有效粘结面积不应小于岩棉板面积的 60%。岩棉板的侧面不得涂抹或粘有粘接砂浆，板间缝隙不得大于 1mm，板间高差不得大于 1.5mm。

将涂好聚合物砂浆的岩棉板双手托起立即粘贴在基层上，涂一张贴一张，粘贴时速度要快，防止粘贴砂浆失去粘结作用。板与板间要挤紧，板缝间不得有粘结砂浆。用橡皮锤敲击调整预粘贴板与已贴板的平整度，平整度调整好后用 2m 靠尺反复压平，使粘贴的岩棉板无松动、无空鼓，保证其平整度和粘结牢固。

4.6.3　施工时，板间高差不大于 1.5mm。当板缝大于 2mm 时，须用岩棉板条将缝隙塞满，板间平整度高差大于 1.5mm 的部位应在下一工序施工前用木锉、粗砂纸打磨平。

4.7　安装固定件

4.7.1　岩棉板粘结牢固后，应在 8～24h 内安装固定件。岩棉板安装锚固件，根据各单体工程的岩棉板厚度选择相应的锚固件，直径为 ϕ8，锚固件深入顶板内部有效锚固深度应不小于 35mm；采用冲击钻或电锤钻孔，钻孔深度应大于锚固深度 10mm，安装时，用手锤把锚固件的胀管打入预先钻好的孔内，保证顶部圆盘与岩棉板齐平，用手锤把钢钉打入胀管内。

4.7.2　锚固件数量：按照设计要求数量设置，设计无要求时固定件数量不少于 8 个/m^2，距板边缘不小于 60mm，梅花形布置。任何面积大于 0.1m^2 的单块岩棉板应设置 1 个锚栓。（地下室顶板保温系统构造见图 10-1）

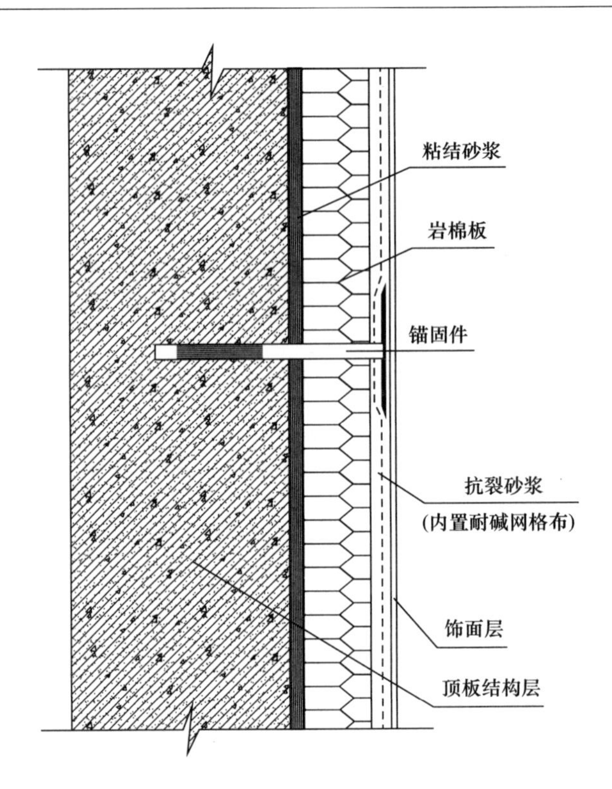

图10-1　地下室顶板保温系统构造示意图

4.8　底层抗裂砂浆

岩棉板表面用不锈钢抹子抹1～2mm厚已拌制好的抗裂砂浆，将岩棉板充分覆盖。每次抹抗裂砂浆面积应略大于一块网格布的面积。

4.9　铺设耐碱玻纤网格布

4.9.1　抹完第一遍抗裂砂浆，胶浆尚未干时，立即压埋一层加强耐碱网格布。压埋时注意耐碱网格布的弯曲面应朝向顶板，由中间开始水平抹出一段距离，然后向四周将耐碱网抹平，直至耐碱网完全嵌入抗裂砂浆内。

4.9.2　标准网格布搭接时，必须满足100mm的搭接长度要求。

4.10　面层抗裂砂浆

第一遍抗裂砂浆表面基本干燥，碰触不粘手时，开始抹面层抗裂砂浆，抹面厚度以完全覆盖网格布且不出现网格痕迹为准。抗裂砂浆的总厚度应控制在3～5mm之间。表面平整度应满足涂料和拉毛涂料饰面的相关要求。

4.11　面层耐水腻子施工

选用柔性耐水腻子，按生产厂家提供的使用比例配制。腻子随调随用，宜在2h 内使用完毕。腻子采用两遍成活，头遍腻子厚度 0.8～1.2mm，要均匀平整，第二遍腻子厚度为 0.5～0.8mm，刮实压光。第二遍腻子在接茬处不留痕迹，表面收光平整。对于结痕和不平处，用 40～60 目砂子打磨。

4.12　饰面层施工

罩面腻子凝固干燥后，用水砂纸打成压光面后进行涂料饰面。

5　质量标准

5.1　主控项目

5.1.1　地面节能保温工程施工前应按照设计和施工方案的要求对基层顶板进行处理，处理后的基层应符合施工方案的要求。

5.1.2　各组成材料与配件的品种、规格、性能应符合设计要求。

5.1.3　岩棉板的表观密度、导热系数、压缩强度、垂直于板面的抗拉强度、吸水量，粘接砂浆和抹面胶浆的拉伸粘结强度，耐碱网格布的耐碱断裂强力及保留率，锚栓的抗拉承载力标准值应符合设计要求。进场时应进行见证取样复验。

5.1.4　地面节能保温工程的构造做法应符合设计的构造要求。

5.1.5　现场检验岩棉板保温层的平均厚度应符合设计要求，最小厚度不应小于设计厚度的 90%。

5.1.6　岩棉板与基层的粘结和连接必须牢固。粘结强度与连接方式应符合设计要求。

5.1.7　锚栓数量、位置、锚固深度和锚栓的拉拔力应符合设计和规程要求。

5.1.8　抹面层中的耐碱网格布的铺设层数及搭接长度应符合设计和本规程的要求。

5.2　一般项目

5.2.1　各组成材料与配件进场时的外观和包装应完整无破损，符合设计要求和产品标准的规定。

5.2.2　抹面层中的网格布应铺设严实，不应有空鼓、干铺、褶皱、外露等现象，搭接长度应符合设计和相关规程的要求。

5.2.3　岩棉板面层的允许偏差和检验方法应符合表 10-1 要求。

岩棉板安装允许偏差和检验方法　　表10-1

项次	项目	允许偏差（mm）	检查方法
1	表面平整	3	用2m靠尺和楔形塞尺检查
2	阴、阳角垂直	4	用2m托线板检查
3	阳角方正	3	用200mm方尺和楔形塞尺检查
4	接缝高差	1	用直尺和楔形塞尺检查

6　成品保护

6.0.1　粘贴保温板时，掉落的灰浆要及时清除，避免污染已完工的地面、墙面。

6.0.2　运输中应轻拿轻放、侧抬侧立，并相互绑牢，不得平抬平放。板材如有无法修补的过大孔洞、断裂或严重的裂缝、破损，不得使用。

6.0.3　土建、水电各专业应密切配合，工序安排合理，在保温作业面附近不得进行电焊、气焊操作。

6.0.4　必须采取有效的措施，防止保温顶棚因施工用水和设备试水受潮和污染。

6.0.5　施工过程中和施工结束后应做好对半成品和成品的保护，防止污染和损坏。

6.0.6　各构造层材料在完全固化前应防止淋水、撞击和振动。

7　注意事项

7.1　应注意的质量问题

7.1.1　岩棉板保温板必须选用已基本完成收缩变形的产品。

7.1.2　岩棉板运输应轻拿轻放、侧抬侧立，并互相绑牢，不得平抬平放。岩棉板如有无法修补的过大孔洞、断裂或严重的裂缝、破损，不得使用。

7.1.3　为有效防止板缝开裂，板缝的粘结和板缝处理要严格按操作工艺认真操作，使用的粘结砂浆必须合格。

7.2　应注意的安全问题

7.2.1　施工前所有机械设备要进行检验、调试并验收合格后，方可开始使用。使用过程中实行专人负责制，并进行日常的维修及保养工作。

7.2.2 施工时对施工人员要进行安全教育和讲解安全技术交底，施工中必须严格遵守各项安全规章制度、操作规程，确保安全施工，严禁违章施工。

7.2.3 操作人员戴好安全帽，高处作业时要系好安全带。

7.2.4 施工环境要配备足够的照明设施，非专业电工一律不得乱接电源、电线。

7.2.5 现场设专职消防安全人员，确保安全。

7.3 应注意的绿色施工问题

7.3.1 根据施工进度提前做好材料计划，合理安排材料的采购、进场时间和批次，减少库存，进场材料堆放整齐，尽可能一次到位，减少二次搬运。

7.3.2 合理选择施工机械设备，杜绝使用不符合节能、环保要求的设备、机具，选择的设备功率与负载相匹配。

7.3.3 散料运输：施工现场的垃圾严禁凌空抛洒并及时清运。松散型物料运输与贮存，采用封闭措施；装运松散物料的车辆，应加以覆盖（盖上苫布），并确保装车高度符合运输要求。在施工现场的出口处，设车轮冲洗池，确保车辆出场前清洗掉车轮上的泥土。设专人及时清扫车辆运输过程中遗洒至现场的物料。

7.3.4 施工材料按要求做到有序堆放，现场保持文明整洁。

7.3.5 岩棉板是一种纤维类松散制品，对人体皮肤、呼吸系统有刺激作用，作业人员应戴手套和口罩施工。

7.3.6 操作地点应做到工完场清，零碎材料要运到指定地点。

8 质量记录

8.0.1 岩棉板质量合格证。

8.0.2 粘接砂浆、抹面胶浆、耐碱网格布、锚栓质量合格证。

8.0.3 检验批质量验收记录。

8.0.4 分项工程质量验收记录。

8.0.5 隐蔽工程验收记录。

第 11 章　喷涂式顶板保温

本工艺标准适用于新建、扩建和改建的工业与民用建筑工程地下工程顶板的保温、防火、吸声工程，不适用于外墙外保温工程。

1　引用标准

《建筑工程施工质量验收统一标准》GB 50300—2013
《建筑节能工程施工质量验收规范》GB 50411—2007
《建筑装饰装修工程质量验收标准》GB 50210—2018
《机械喷涂抹灰施工规程》JGJ/T 105—2011
《无机纤维喷涂工程技术规程》DB11/T 941—2012
《全轻混凝土建筑地面保温工程技术规程》DBJ50/T—151—2012

2　术语

2.0.1　无机纤维喷涂：将超细无机纤维（矿棉、岩棉、玻璃棉）与粘结剂、固化剂通过喷枪喷涂于建筑基层表面，形成绝热层的工艺。

2.0.2　无机纤维喷涂系统：无机纤维喷涂由基层、无机纤维喷涂层、防水防护层或装饰面层构成的系统，又分为硬质无机纤维喷涂层和软质无机纤维喷涂层。

2.0.3　硬质无机纤维喷涂绝热层：采用无机纤维、粘结剂和粉状固化剂喷涂，在基层表面形成绝热层。

2.0.4　软质无机纤维喷涂绝热层：采用无机纤维、粘结剂喷涂到基础表面形成的绝热层。

3　施工准备

3.1　材料及机具

3.1.1　材料

1　超细无机纤维（矿棉、岩棉、玻璃棉）、粘结剂、固化剂、界面处理剂、硅酸盐水泥、热镀锌钢丝网、吊挂件、承托龙骨和“L”形龙骨。

2　无机纤维喷涂棉（纤维）、喷涂粘结剂、热浸镀锌钢丝网、玻璃纤维网格布及防水透气膜的性能均应符合相关标准规定。无机纤维保温涂层性能要求：干密度≥38kg/m^3，粘结强度≥1.7kPa，导热系数≤0.035W(m·K)，纤维直径≤4μm 的占到 80%以上。

3　硅酸盐水泥或普通硅酸盐水泥，其性能符合现行国家标准《通用硅酸盐水泥》GB 175—2007 的规定；快硬硅酸盐水泥性能指标应符合现行国家标准《硫铝酸盐水泥》GB 20472—2006 的规定；速凝剂性能应符合现行行业标准《喷射混凝土用速凝剂》JC 477—2005 的规定，界面处理剂应符合现行行业标准《混凝土界面处理剂》JC/T 907—2002 的规定；锚栓性能应符合现行行业标准《外墙保温用锚栓》JG/T 366—2012 的要求；吊挂件、承托龙骨和“L”形龙骨材质为不锈钢、铝合金、热镀锌钢丝等，其性能符合现行国家标准《建筑用轻钢龙骨》GB/T 11981—2008 的要求；金属护角和尼龙护角的规格为 45mm×45mm×2000mm，厚度 1.2～1.5mm，护角材质：不锈钢、铝合金、尼龙等；防水砂浆应符合现行国家标准《无机防水堵漏材料》GB 23440—2009 的规定。

3.1.2　主要机具

1　喷棉机、高压泵、专用喷枪、电动搅拌器。

2　厚度标尺、测厚针尺、放线工具、杠尺、滚筒、模具压板、水桶、液体量筒等。

3.2　作业条件

3.2.1　根据工程情况和喷涂要求编制喷涂工程施工方案并向施工人员进行技术交底。

3.2.2　喷涂作业用的施工平台应符合现行行业标准《建筑施工高处作业安全技术规范》JGJ 80—2016 的规定。

3.2.3　施工现场温度宜为 5～35℃。现场有较大震动和基层有明显结露时不得施工。

4　操作工艺

4.1　工艺流程

4.1.1　保温吸声绝热层厚度 60mm 以内的施工工艺流程：

基层清理→弹控制线→喷涂界面处理剂→安装龙骨、套管和托架→

配置粘结剂→喷涂无机纤维→绝热层整平→喷涂防水保护层

4.1.2 无机纤维喷涂层厚度60mm以上时应采用承托处理，其施工工艺流程如下：

基层清理→弹控制线→套管或承托架→安装侧墙边龙骨（承托架）→

喷涂界面处理剂→喷涂无机纤维保温吸声层→绝热层整平→安装吊挂件→

挂镀锌钢丝网→喷涂防水保护层

注：装“［”形龙骨已起到承托作用，无需挂镀锌钢丝网。

4.2 基层清理

基层应牢固、清洁、表面无灰尘、无浮浆、无油迹、无开裂、不空鼓等。用压缩空气或清水清理基面灰尘和污垢，检查吊挂件及预埋件是否牢靠，将松动部件紧固。如原基面已经损坏或有严重裂缝，应先进行修补，符合要求时方可施工。

4.3 弹控制线

依据地面标高弹出地面保温层施工控制线。

4.4 喷涂界面处理剂

基层表面处理清洁后，用已配好的喷涂粘结剂水溶液对基面喷涂处理，采用辊涂或喷涂方法，喷涂界面处理剂应均匀，不露底、不流淌，喷涂量为0.3～0.4kg/m^2。

4.5 安装龙骨、套管和托架

4.6 配置粘结剂

按配比在配料罐中用水稀释粘结剂原液，按比例配好的胶液不得随意增加水量稀释。

4.7 喷涂无机纤维

无机纤维喷涂首先调试喷涂主机风压，胶泵压力和给料装置，调整好梳棉机设备和配制粘结剂后，采用专用喷枪，将无机纤维同粘结剂一起分遍喷涂到基层上，每遍不大于25mm，喷涂层总厚度应大于设计值5mm。喷枪距基面宜为400～600mm，连续均匀喷在基层上，层面应饱满、平整、不留间隙。

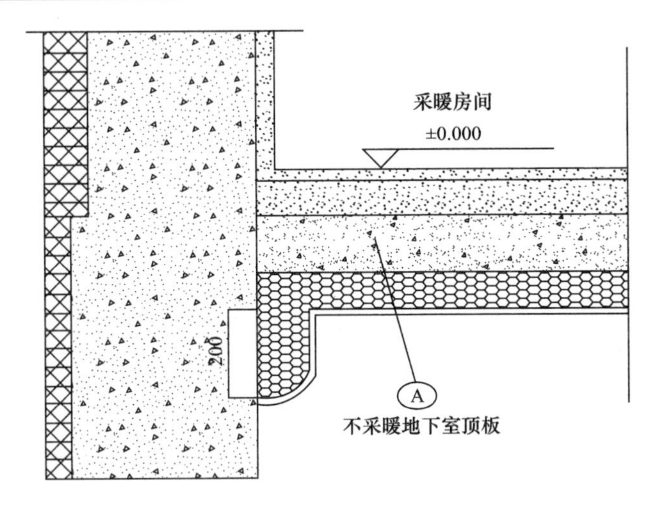

图 11-1　地下室顶棚与墙面交接处节点图

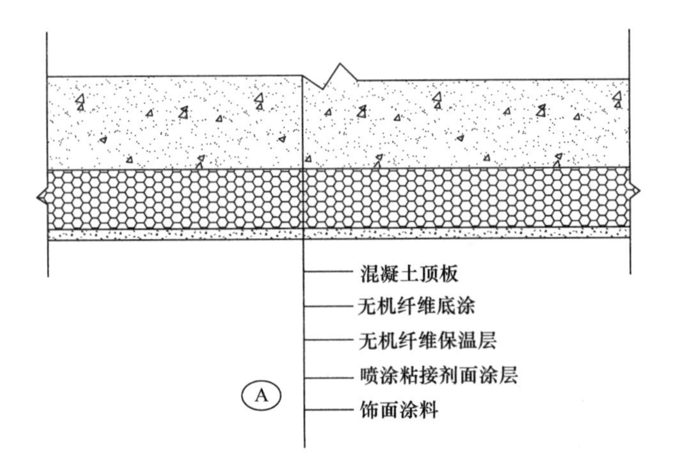

图 11-2　地下室喷涂做法

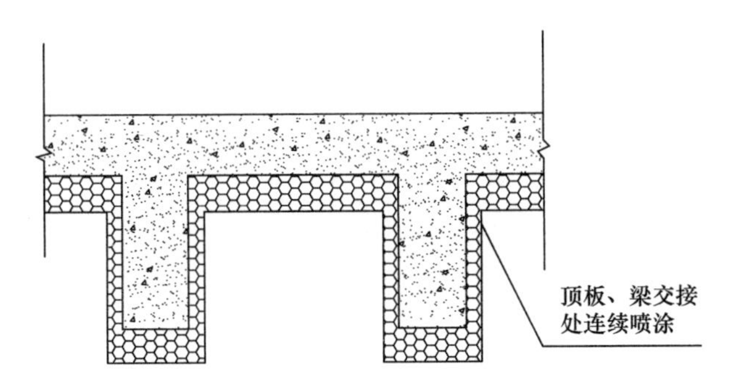

图 11-3　地下室顶板与梁交接处节点图

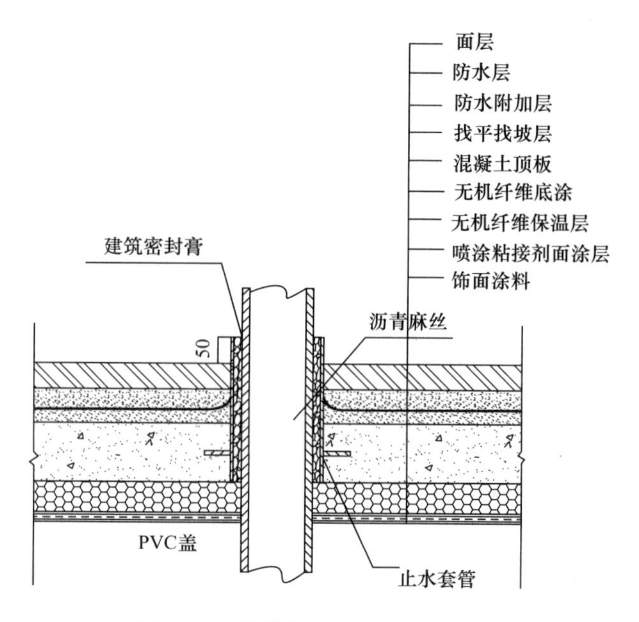

图 11-4　管道穿地下室顶棚节点图

4.8　绝热层整平

根据保温或吸声工程的不同要求，喷涂松喷厚度宜大于设计数值 5mm，待喷涂绝热层表面干燥约半小时后，使用专用压板整形工具进行加压整平，阴阳角处应整齐顺直。

在喷涂矿物绝热层干燥过程中，应采取防潮、防水、防碰撞等保护措施。

4.9　安装吊挂件、挂镀锌钢丝网

喷涂层厚度大于 6mm 时，采用锚栓分别锚固安装吊挂件在基层上，然后将热镀锌钢丝网吊挂在铺装吊挂件上，采用“［”形龙骨时，锚固间隔为 400～600mm。

4.10　喷涂防水保护层

绝热层整平后或镀锌钢丝网安装后，在其表面均匀喷涂防水涂料或涂抹防水保温砂浆找平，且不得露底，其厚度应符合设计要求。

5　质量标准

5.1　主控项目

5.1.1　喷涂材料品种、质量、规格必须符合设计要求和规程规定。

5.1.2　喷涂厚度应符合设计要求，并依据地下顶棚喷涂总面积在 10000m^2 以上时，以每 5000m^2 划分为一个检验批；不足 10000m^2 时，以每 2000m^2 划分为一个检验批的规定随机抽检。

5.1.3　绝热层与基层和各层间应粘结牢固，不得空鼓、脱落和开裂。

5.2　一般项目

5.2.1　无机纤维喷涂外观质量和允许偏差应分别符合表 11-1 和表 11-2。

外观质量及检验方法　　　　**表 11-1**

质量标准	检验方法	检查数量
1　喷涂层表面纹理自然均匀、无疏松、开裂。 2　无明显色差和漏色。 3　喷涂层形状与基底形状基本相同	目测观察	地下顶棚喷涂总面积在 10000m^2 以上时，以每 5000m^2 划分为一个检验批；不足 10000m^2 时，以每 2000m^2 划分为一个检验批。其他工程按现行国家标准《建筑节能工程施工质量验收规范》GB 50411 标准划分。每个检验批应至少抽检一处，每处不得少于 10m^2。每处至少抽检 3 个点，每个检测点间距不小于 1m

无机纤维喷涂系统的允许偏差及检查方法　　　　**表 11-2**

项目	允许偏差（mm）		检验方法
	硬泡	软质	
立面垂直度	4	5	用 2m 靠尺
阴阳角垂直	4	5	拉 5m 线或钢板尺
阳角方正	4	5	用 200mm 方尺
接槎高度	3	4	用塞尺和靠尺
平整度	5	5	用 2m 靠尺

5.2.2　无机纤维喷涂层干密度应符合设计要求。

5.2.3　无机纤维涂层表面整体色度应当均匀，无明显色差和漏色缺陷。

5.2.4　无机纤维喷涂层表面应做防水处理或涂抹聚合物水泥砂浆。

6　成品保护

喷涂施工中有少量纤维棉回弹，为防止对其他成品、装饰面层、房间中的机械设备、管道等有污染，必须采取保护措施。

注：当粘附于其他构件时，在 48h 内进行清扫或用湿布擦拭干净，恢复物件原样。

6.0.1　对于地面上的设备、装饰地面、其他成品等，可用彩条布遮盖保护。

6.0.2 对于墙面装饰品、小型挂件等可用彩条布自上而下垂挂于墙面遮挡保护。

6.0.3 喷涂前应安装各种管线、风道等设备吊挂件，避免喷涂完工后在基面钻孔、剔凿。

6.0.4 喷涂成品在干燥固化期间，避免受到机械碰撞及水冲刷。

6.0.5 对于喷涂层局部因受到碰撞而造成破损时，应进行修补；对于处于易受机械碰撞的部位，可贴覆玻璃纤维布或其他防护材料进行保护。

6.0.6 保持喷涂区域环境清洁，避免灰尘飞扬，污染成品喷涂层表面。喷涂施工过程中，喷涂操作人员应按照国家劳动保护条例相关规定，佩带防尘口罩，高空操作人员应佩戴安全带等防护用具。

7　注意事项

7.1　应注意的质量问题

7.1.1 施工作业完成后应保持正常通风条件，加快喷涂材料的干燥固化。

7.1.2 顶板工程喷涂时，喷涂层应由顶板向侧墙下延，喷涂层整齐划一，喷涂层整形后，其厚度应和定位承托龙骨齐平。

7.1.3 施工中喷枪的施工角度宜垂直于基层，应控制在 60～90℃，喷枪与基层距离宜在 400～600mm 范围内。

7.1.4 喷涂施工后，在正常温度及通风条件下，干燥过程需要的时间按表 11-3 控制。

干燥时间（d）　　**表 11-3**

季节	厚度			
	(10～20)mm	(20～30)mm	(30～50)mm	50mm 以上
夏	2～3	4～5	6～7	8 以上
春、秋	3～4	4～5	6～7	9 以上
冬	4～5	6～7	7～8	10 以上

7.1.5 矿物棉与胶液在喷枪口处充分混合后施工。无机纤维喷涂施工松喷厚度应高于设计值厚度 5mm 以上。

7.1.6 界面剂喷涂在基层表面，应使其充分均匀渗透到基层后再进行后续作业。

7.1.7　喷涂施工应在每道工序完成并经检查合格，方可进行下道工序施工。对已完部分采取必要的保护措施。

7.1.8　地下顶板喷涂时，对相邻近的裸柱也宜做喷涂绝热层施工，其喷涂厚度与顶板相同。

7.2　应注意的安全问题

7.2.1　制定并落实岗位安全责任制度，签订安全协议。

7.2.2　施工现场需派专职安全员，负责施工现场的安全管理工作。

7.2.3　进场进行安全三级教育，并进行考核，确保安全意识深入人心，工人上岗前必须进行安全技术培训合格后才能上岗操作。

7.2.4　所有进厂人员要戴好安全帽，高空作业系好安全带，不得从高空往下抛弃东西，严格遵守有关的安全操作规程，做到安全生产和文明施工。

7.2.5　操作架子搭设完毕验收合格方可使用，脚手板要铺满、搭牢，严禁出现探头板。

7.2.6　安全用电注意事项

1　定期和不定期对临时用电的接地、设备绝缘和漏电保护开关进行检测、维修，发现隐患及时消除。

2　施工现场的供电系统实施三级配电二级保护。

3　电气设备的装置、安装、防护、使用、维修必须符合《施工现场临时用电安全技术规范》JGJ 46—2005 的要求。

4　电气作业时必须穿绝缘鞋，戴绝缘手套，酒后严禁操作。

5　室内照明灯具距地面不得低于 2.4m，每路照明支线上灯具和插座数不宜超过 25 个，额定电流不得大于 15A，并用熔断器保护。

6　施工现场和生活区域严禁私拉乱接电线，一经发现严肃处理。

7　有施工人员在使用电动工具时，必须严格执行现场临时用电协议。

8　每天施工完毕要将配电箱遮盖好，切断各部分电源，将操作面杂物清除干净以防止出现安全隐患。

9　闸箱上锁，钥匙由专人保管。

10　设备出现故障立即停止使用，通知维修人员解决。

11　遵守施工现场安全制度。

7.3　应注意的绿色施工问题

7.3.1　材料运输、装卸应轻抬轻放，堆放场地应坚实、平整、干燥，注意防火。

7.3.2　各种材料分类存放并挂牌标识。粉料存于干燥处，严禁受潮。

7.3.3　运输聚合物水泥砂浆、保温材料，供方应进行扬尘控制。对运输车辆要进行检查，对车厢进行蒙盖，杜绝由于车辆原因引起遗撒，严禁超高运输。

7.3.4　运输砂浆的车辆在出入口设置车辆清洗设施，并设置沉淀池。雨天设置专人对出场车辆进行检查，对携带泥浆的车轮进行冲洗，并及时清理路面。

7.3.5　修整时先封闭周圈，然后整平内部。施工时将噪声控制在施工场界内，避免噪声扰民。

7.3.6　修整工作完毕后，将粘在顶板的灰浆及落地灰及时清理干净。

7.3.7　现场设置废弃物临时置放点，并在临时存放场地配备有标识的废弃物器具，设专人负责对废弃物等进行收集、处理。

8　质量记录

8.0.1　施工所用材料的出厂检验报告及进场材料的复试报告。

8.0.2　检验批质量验收记录。

8.0.3　分项工程质量验收记录。

8.0.4　隐蔽工程验收记录。

第12章　保温板地面保温

本工艺标准适用于不同气候区、不同建筑节能标准的工业与民用建筑地面保温工程施工。

1　引用标准

《建筑工程施工质量验收统一标准》GB 50300—2013

《建筑节能工程施工质量验收规范》GB 50411—2007

《建筑装饰装修工程质量验收标准》GB 50210—2018

《公共建筑节能设计标准》GB 50189—2015

《夏热冬冷地区居住建筑节能设计标准》JGJ 134—2010

《严寒和寒冷地区居住建筑节能设计标准》JGJ 26—2010

《外墙外保温工程技术规程》JGJ 144—2008

《建筑保温砂浆》GB/T 20473—2006

2　术语（略）

3　施工准备

3.1　材料

板状保温材料产品应有出厂合格证，根据设计要求选用，厚度、规格应一致，外形应整齐，密度、导热系数、强度应进行复检，符合设计要求和施工及验收规范的规定。

3.2　主要施工机具

3.2.1　机具：搅拌机、平板振捣器。

3.2.2　工具：平锹、木刮杠、水平尺、手推车、木拍子、木抹子等。

3.2.3　器具：使用的计量器具校准合格方可使用。

3.3　人员

3.3.1　在施工前对作业人员进行技术和安全交底。

3.3.2　材料员、取样员会同监理做好材料复试见证取样、质量验收工作，做好记录，相关人员签字认可。

3.4　作业条件

3.4.1　铺设保温板的基层应平整，表面要干燥，不得有松散、开裂、空鼓等缺陷。

3.4.2　穿过地面结构的管根部位，应用细石混凝土填塞密实使管子固定。

3.4.3　板状保温材料运输、存放应注意保护，防止损坏和受潮和引发火灾。

3.4.4　施工时环境温度应大于5℃。

4　操作工艺

4.1　工艺流程

基层清理 → 隔离层铺设 → 弹线铺设保温层 → 保护层施工

4.2　清理基层

地面应清理干净，无油渍、浮尘等；表面应坚实并具有一定强度，凸起物≥10mm应铲平，保证基层平整、干净、干燥，地面上的洞口用细石砼嵌塞密实。

4.3　隔离层铺设

为了防止保温材料因受土壤潮气而受潮，在保温层与垫层之间增加隔离层，避免保温层因潮气进入而结冻或湿气膨胀而造成破坏。塑料膜隔离层铺设时要严密，搭接不少于250mm，接缝用胶带粘接，在立面外上翻。见图12-1、图12-2。

4.4　弹线并铺设保温层

保温板裁剪应方正和顺直，弹线铺设保温材料，铺设时应紧靠基层表面并铺平垫稳，分层铺设时上下两层板块缝应相互错开，表面两块相邻的板边厚度应一致，板间缝隙应采用同类材料嵌填密实。当采用粘贴施工时，应贴严、粘牢。板缺角处应用碎屑加胶料拌匀填补严密。

当采用挤塑聚苯板时，挤塑聚苯板本身膨胀性极低，基本上不需要留伸缩缝，为了避免挤塑聚苯板在后续施工过程中发生偏移，可使用粘接剂将挤塑板与基层做点粘假性贴合。挤塑聚苯板间的缝隙不大于2mm，板间水平缝相互错缝。

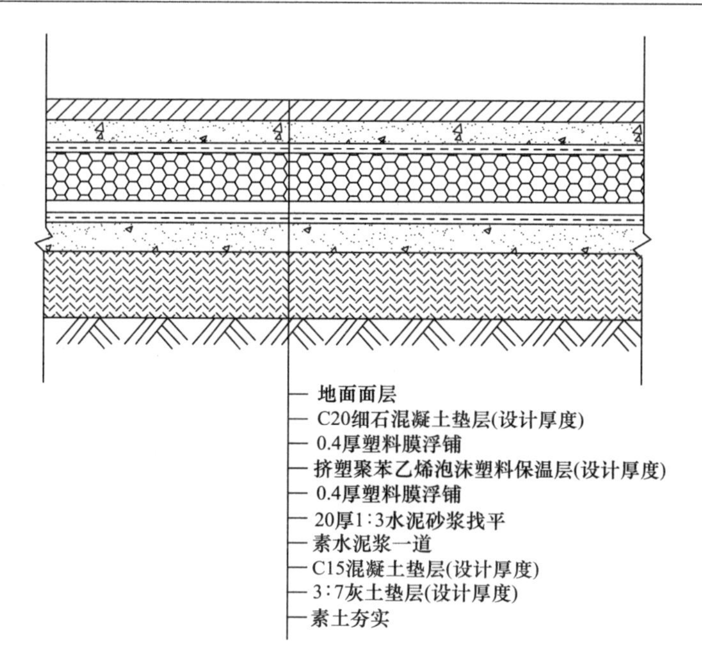

图 12-1　保温层地面常见做法

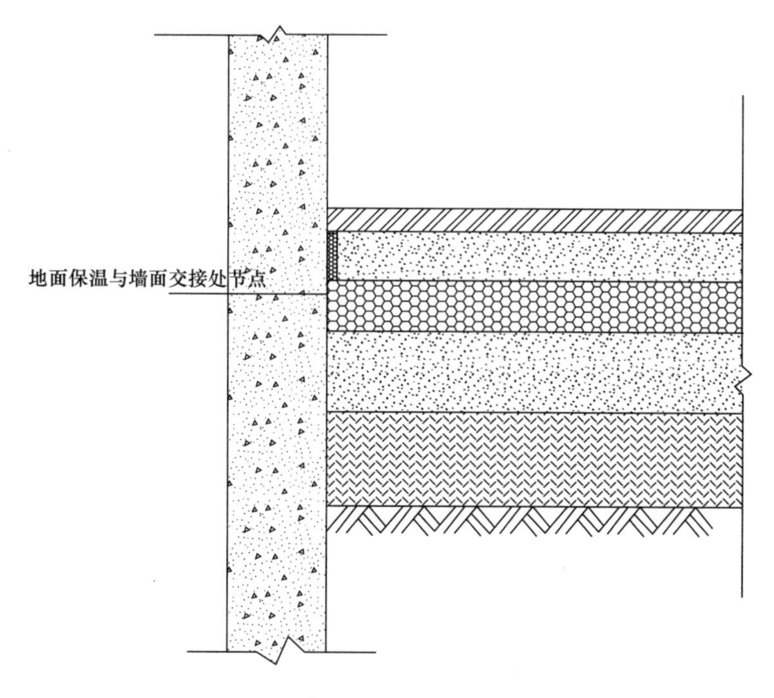

图 12-2　地面保温与墙面交接节点图

挤塑聚苯板四周采用挤塑聚苯板填缝，以确保板缝严密。在进行保温平面施工时，应尽量采用整板，并粘贴牢固，在胶粘剂固化前不得上人踩踏。见图 12-3、图 12-4。

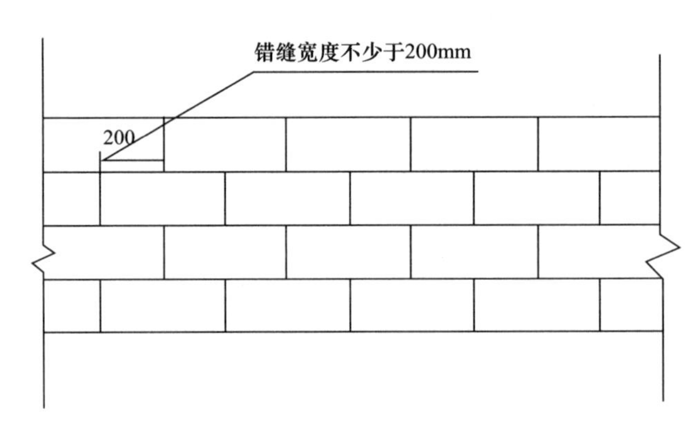

图 12-3　聚苯板错缝示意图

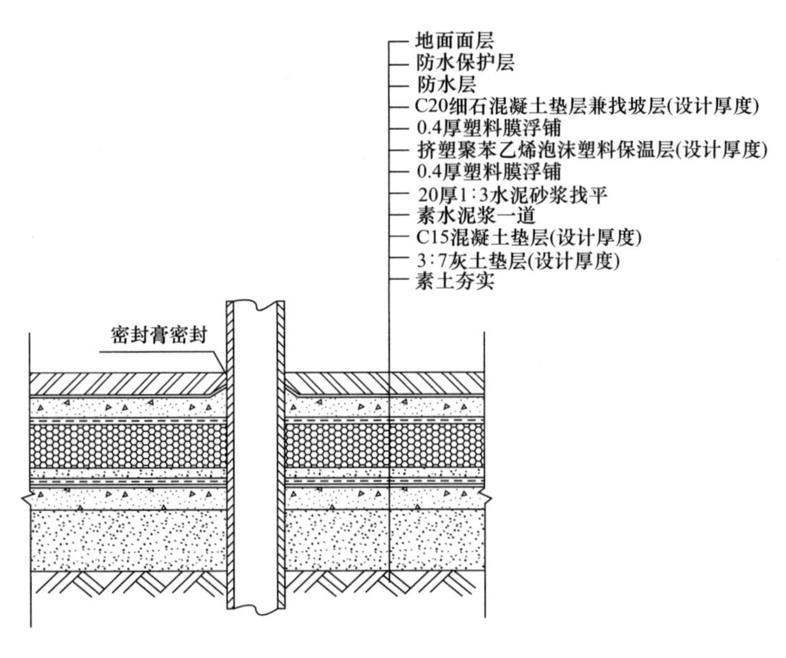

图 12-4　管道出地面节点大样图

4.5　保护层施工

保温层施工完成后，应及时浇筑细石混凝土保护层，其工艺同细石混凝土地面垫层。

5　质量标准

5.1　主控项目

5.1.1　保温材料的强度、密度、导热系数和含水率，必须符合设计要求和施工及验收规范的规定。

5.1.2　板块保温材料：应紧贴基层铺设，铺平垫稳，保温材料上下层应错缝并嵌填密实。

5.1.3　保温层厚度及构造做法应符合建筑节能设计要求。

5.2　一般项目

5.2.1　表面平整、洁净，接茬平整，无明显抹纹、分格条顺直、清晰。

5.2.2　地面所有孔洞、槽位置和尺寸正确，表面整齐洁净，管道后面抹灰平整。

6　成品保护

6.0.1　施工中各专业工种应紧密配合，合理安排工序，严禁颠倒工序作业。

6.0.2　保温板存放时应有防火、防潮和防水措施，转运时应注意保护。

6.0.3　在施工完毕的保温地面和存放保温材料的附近不得进行电焊、电气操作，不得用重物撞击地面。

6.0.4　基层施工前应将基层表面的砂、土、硬块杂物等清扫干净，防止影响整体质量效果。

6.0.5　在铺设完毕的保温层上不得进行其他施工，应采取必要措施，保证保温层不受损坏。

6.0.6　保温层施工完成后，应及时做细石混凝土保护层，以保证保温效果。

7　注意事项

7.1　应注意的质量问题

7.1.1　保温材料运输、存放应注意保护，防止损坏和受潮。

7.1.2　保温板不应破碎、缺棱掉角，铺设时遇有缺棱掉角、破碎不齐的，应锯平拼接使用。板缝镶嵌平整密实。

7.1.3　应紧贴基层铺设，铺平垫稳，找坡正确。

7.1.4　板与板间之间要错缝、挤紧，不得有缝隙。若因保温板裁剪不方正或裁剪不直而形成缝隙，应用保温板条塞入并打磨平。

7.1.5　保温板施工完后，应尽快浇捣上层的细石混凝土，避免因踩踏造成质量问题。

7.2　应注意的安全问题

7.2.1　制定并落实岗位安全责任制度，签订安全协议。施工现场需派专职安全员，负责施工现场的安全管理工作。工人上岗前必须进行安全技术培训，合格后方可上岗。

7.2.2　进场进行安全三级教育，并进行考核，确保安全意识深入人心。

7.2.3　所有进厂人员要戴好安全帽，严格遵守安全操作规程，做到安全生产和文明施工。

7.2.4　安全用电注意事项

1　定期和不定期对临时用电的接地、设备绝缘和漏电保护开关进行检测、维修，发现隐患及时消除。

2　施工现场的供电系统实施三级配电二级保护。

3　电气设备的装置、安装、防护、使用、维修必须符合《施工现场临时用电安全技术规范》JGJ 46—2005的要求。

4　电气作业时必须穿绝缘鞋，戴绝缘手套，严禁酒后操作。

5　室内照明灯具距地面不得低于2.4m。每路照明支线上灯具和插座数不宜超过25个，额定电流不得大于15A，并用熔断器保护。

6　施工现场和生活区域严禁私拉乱接电线，一经发现严肃处理。

7　有施工人员在使用电动工具时，必须严格执行现场临时用电协议。

8　每天施工完毕要将配电箱遮盖好，切断各部分电源，将操作面杂物清理干净，防止出现安全隐患。

9　闸箱上锁，钥匙由专人保管。

10　设备出现故障立即停止使用，通知维修人员解决。

11　遵守施工现场安全制度。

7.3　应注意的绿色施工问题

7.3.1　板材运输、装卸应轻抬轻放，堆放场地应坚实、平整、干燥，注意防火。

7.3.2 各种材料分类存放，并挂牌标明识，粉料存于干燥处，严禁受潮。

7.3.3 运输聚合物水泥砂浆、保温板材料供方进行扬尘控制，对运输车辆要进行检查，对车厢进行遮盖，杜绝由于车辆原因引起的遗撒，严禁超高运输。

7.3.4 现场设置废弃物临时置放点，并在临时存放场地配备有标识的废弃物容器，设专人负责对废弃的砂浆、保温板的边角料等进行收集、处理。

7.3.5 保持现场通道的畅通、整洁，各通道安排专人负责清扫，不得以任何理由占用、堵塞通道。

8　质量记录

8.0.1 板状保温材料的出厂质量证明文件，进场复试报告。

8.0.2 检验批质量验收记录。

8.0.3 分项工程质量验收记录。

8.0.4 隐蔽工程验收记录。